全国高等院校十二五规划数字媒体设计应用系列教材

Photoshop图像实例教程

夏少琼　张欣　李列锋◎编著

暨南大學出版社
JINAN UNIVERSITY PRESS
中国·广州

图书在版编目（CIP）数据

Photoshop 图像实例教程/夏少琼，张欣，李列锋编著．—广州：暨南大学出版社，2016.1（2020.1 重印）

ISBN 978－7－5668－1711－2

Ⅰ.①P…　Ⅱ.①夏…②张…③李…　Ⅲ.①图像处理软件—教材　Ⅳ.①TP391.41

中国版本图书馆 CIP 数据核字(2015)第 301732 号

Photoshop 图像实例教程

Photoshop TUXIANG SHILI JIAOCHENG

编著者：夏少琼　张　欣　李列锋

出 版 人：徐义雄
责任编辑：古碧卡　姚晓莉
责任校对：方　敏
责任印制：汤慧君　周一丹

出版发行：暨南大学出版社（510630）
电　　话：总编室（8620）85221601
　　　　　营销部（8620）85225284　85228291　85228292（邮购）
传　　真：（8620）85221583（办公室）　85223774（营销部）
网　　址：http：//www. jnupress. com
排　　版：广州市科普电脑印务部
印　　刷：深圳市新联美术印刷有限公司
开　　本：787mm×1092mm　1/16
印　　张：15.75
字　　数：393 千
版　　次：2016 年 1 月第 1 版
印　　次：2020 年 1 月第 5 次
定　　价：59.80 元

前 言

Photoshop是当今世界上最流行的图像处理软件之一，它强大的功能、丰富的效果、通俗易懂的界面，使图像处理变得轻松快捷。

本书共分11章，从引导学生理解Photoshop的常规概念开始，逐渐深入阐述Photoshop的应用技巧和创意理念。通过精心设计的经典范例，介绍了Photoshop软件的使用精髓。内容包括图像的选取范围、色彩和色调调整、图层、路径、蒙版、通道和滤镜等基础知识以及综合案例等。全书巧妙地将Photoshop的使用技巧贯穿其中，理论与实例相结合，内容丰富、浅显易懂，深入浅出、循序渐进地剖析了Photoshop的使用方法和技巧，极大地激发了读者的学习兴趣。

本书第3、4、6、8、10章和附录由夏少琼编写；第2、5、11章由张欣编写；第1、7、9章由李列锋编写。

本书适用于平面设计、广告设计和相关行业的广大从业人员以及电脑美术爱好者，也可以作为高等院校相关专业的参考用书和社会上相关电脑美术班的培训教材。

为了配合不同水平读者的需要，本书力求能够更大程度地适合自学，每章后面均有具体的思考与作业练习，并配备实例供读者练习。书中所涉及的图片仅供实例分析，著作权归原创者或相关公司所有，持有上述图片版权的公司或原创者，可与作者联系。特此声明。

感谢华软软件学院数码媒体系杨清延主任在本书出版过程中给予的诸多关心和指导，感谢暨南大学出版社古碧卡、姚晓莉编辑的大力支持。由于时间仓促，书中难免有不足之处，期待广大读者在使用过程中对本书提出宝贵意见，使它不断改进和完善。笔者邮箱：xsq@sise.com.cn。

编著者

2015年10月

目　录

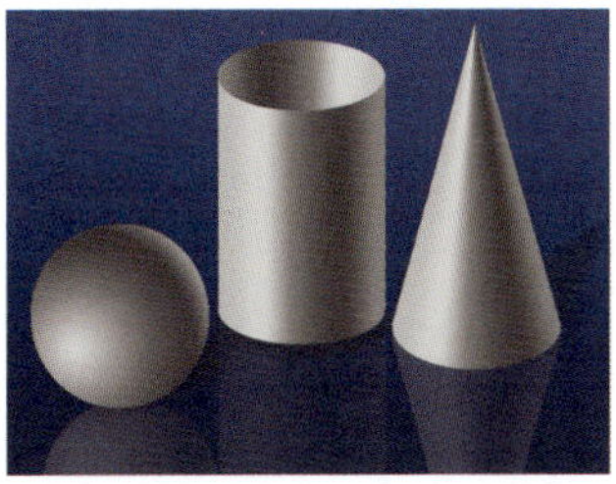

第3章 Photoshop 图像色彩

第4章 Photoshop 绘图与修图

第5章 Photoshop 图层

第6章 Photoshop 路径与形状

第7章 Photoshop 文字

第8章 Photoshop 蒙版

第9章 Photoshop 通道

第10章 Photoshop 滤镜

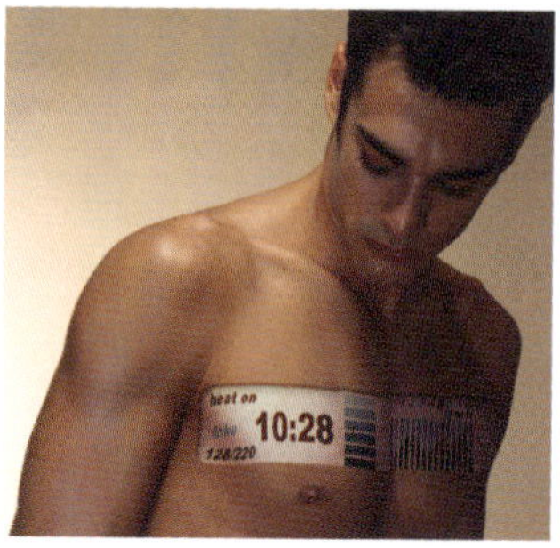

第11章 Photoshop 综合实例

附录 常用快捷键

第1章 Photoshop基础

本章主要介绍Photoshop的基本知识，通过本章的学习，熟悉和理解Photoshop的优势和特点、Photoshop应用领域、图像的基本知识、Photoshop界面、基本文件操作等。

1.1 Photoshop的优势和特点

Photoshop是平面图像处理业界霸主Adobe公司推出的跨越PC和MAC两界首屈一指的大型图像处理软件。本书主要介绍了Photoshop的各种艺术效果和实战技巧，内容覆盖了从如何使用调板的基础知识到如何制作出色彩绚丽的特殊效果等高级技巧的方方面面。Photoshop本身就是一件经过精心雕琢的艺术品。通过Photoshop，我们可以素描图像、添加特技效果、调换照片间的细节、插入正文或徽标、调整色彩甚至给灰度图像加上彩色。Photoshop还为我们提供了所需的工具以便通过涂画来创建图像，这些工具完全可以和压感图形输入板兼容，这样我们就可以制作出像水彩画和油画那样的自然主义风格的图像。随着数码时代的来临，数码图片拍摄已成为一件习以为常的事情，个性化、有艺术特点的图形成为这个时代发展的标记。因此，Photoshop强大的功能不但能满足时代的需求，也给生活增添了乐趣。

Photoshop有六大功能：

1. 绘图功能

绘图功能有三大“招牌本事”。

图1-1

如图1-1所示，有多种绘图工具，如喷枪、笔刷、铅笔、直线等，可以自由地设定它们的形状、大小、压力，甚至有好玩的笔刷效果。

图1-2

如图1-2所示，利用渐变工具产生多种渐变效果。

图1-3

如图1-3所示，Photoshop有强大的修补功能。

2. 选取功能

想要偷天换日，就可以使用Photoshop配有的多种型号的选取工具，将需要修改的物体从复杂的背景中选取出来，进行修改。

图1-4

图1-5

3. 编辑功能

可以对图像进行任意的旋转、拉伸、倾斜、扭曲或制造透视效果，甚至可以把不同的图片组合在一起创造非凡的效果。

图1-6

图1-7

4. 色彩调整功能

色彩是绘画中的最高境界。

图1-8

图1-9

5. 强大的图层、通道、蒙版功能

图层：相当于一张透明纸，可以在上面任意地绘制内容，而不会影响其他层的内容，但是有内容的部分会挡住后一层的内容。

通道：比选取工具还要厉害，选取工具做不到的通道可以做到，而且可以更自由、更灵活地选取任意区域。

蒙版：简单地说，就是把不想修改的部分挡住。

图1-10

图1-11

6. 滤镜功能

滤镜像一面神奇的镜子，把它加在图像上，会产生各种奇妙的效果，如运动模糊、浮雕、玻璃效果等。

图1-12

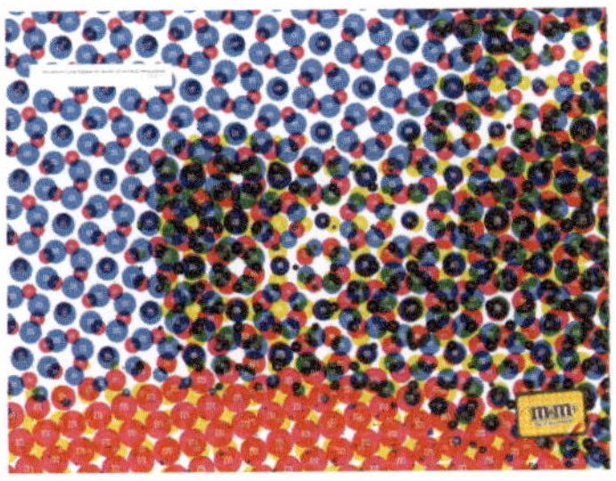

图1-13

图1-14

1.2 Photoshop的应用领域

Photoshop是最常用的平面设计软件之一，集图像处理、图形设计、网页设计及印前处理等为一体。从最早的3.0版本问世至今已有几十年时间。用它设计的图形色彩丰富，处理效果自然真实，并且修改方便、功能强大，被广泛应用于广告设计、包装设计、书籍装帧设计、卡通形象设计、出版印刷、教学演示、影像设计、服装设计、室内设计（主要是后期处理）、产品外观设计、VI设计、照片润饰与修复、插图绘制、影像创意、建筑效果图、网页设计、艺术文字、界面设计等各个领域。

1. 广告设计

广告设计是Photoshop应用非常广泛的一个领域。我们经常看到的各种纸媒体宣传广告、电影海报等具有丰富图像内容的作品，都是利用Photoshop强大的图像处理功能实现的。

图1-15

图1-16

2. 包装设计及书籍装帧设计

在早期，包装与封面的主要目的是保护产品不受损害。时至今日，它们又具有了另外一个非常重要的功能，即其所具有的广告宣传作用。消费者在挑选商品时，最先看到的就是其外观，包装或封面为商品带来的提示性信息及宣传文字影响着消费者决定是否拿起该商品或翻阅该书，唤起其潜在的兴趣，并最后决定其是否产生购买行为。

图1-17

3. VI设计

VI即Visual Identity，通译为视觉识别，是CIS（企业识别系统）中最具传播力和感染力的层面。

人们所感知的外部信息，有83%是通过视觉通道到达大脑的。也就是说，视觉是人们接受外部信息的最重要、最主要的通道。企业形象的视觉识别，即是将CI的非可视内容转化为静态的视觉识别符号，以无比丰富的多样应用形式，在最为广泛的层面上，进行最直接的传播。

设计科学的视觉识别，是传播企业经营理念、建立企业知名度、塑造企业形象的快速、便捷之途。我们可以利用Photoshop的强大功能在VI设计中得心应手。

图1-18

4. 影像设计

影像设计是Photoshop的特长。借助软件的强大功能，我们可以将原本风马牛不相及的东西组合在一起，得到截然不同的效果。但需要注意的是，通常这种创意图像的最低要求就是看起来够逼真，所以需要有足够扎实的Photoshop功底，才能制作出令人满意的效果。

图1-19

图1-20

5. 建筑效果图后期

在制作建筑效果图及其他许多三维场景时，人物、背景以及场景的颜色常常需要在Photoshop中增加并调整。

图1-21

1.3 位图与矢量图

计算机中显示的图形一般可以分为两大类：位图与矢量图。在Photoshop和ImageReady中一般都可以处理这两种类型的图形，在实际操作应用中，Photoshop用于位图的情况比较多见，了解两类图形的异同，对于创建、编辑和导入图片有很大帮助。

1.3.1 位图

位图图像一般称为“栅格图像”。位图是由一个个像素点生成的图像，不同的像素点以不同的颜色构成了完整的图像。在处理位图图像时，编辑的是像素，而不是对象或形状。位图图像是连续色调图像（如照片或数字绘画）最常用的电子媒介，因为它们可以表现阴影和颜色的丰富层次。它的最大优点是色彩丰富、过渡自然，所以常用于要求比较高的图形印刷。

在屏幕上缩放位图图像时，可能会丢失细节，因为位图图像与分辨率有关，它们包含固定数量的像素，每个像素都分配有特定的位置和颜色值，分辨率越高图像越清晰，相应文件也越大，所占硬盘空间也越大，计算机处理起来速度也就会越慢。

如果在打印位图图像时采用的分辨率过低，位图图像可能会呈锯齿状，因为此时增加了每个像素的大小。Photoshop是具有代表性的位图图像设计软件，如图1-22是位图图像效果，图1-23是部分被放大了的效果（放大后变得模糊，呈现锯齿状效果）。

图1-22

图1-23

1.3.2 矢量图

矢量图使用直线和曲线来描述图形，这些图形的元素是一些点、线、矩形、多边形、圆和弧线等，它们都是通过数学公式计算获得的。如图1-24是使用CorelDRAW绘制的图形，图1-25是部分被放大了的效果（清晰度不受影响）。

图1-24

图1-25

重点提示

由于矢量图可通过公式计算获得，所以矢量图文件一般较小。矢量图最大的优点是无论放大、缩小或旋转等都不会失真，Illustrator、FreeHand、CorelDRAW等是常见的矢量图设计软件。

1.4 图像大小、像素和分辨率

在我们对图像的质量有一定要求或我们设计好的作品要打印输出等情况下，图像大小和分辨率就显得比较重要了。图像以多大尺寸在屏幕上显示取决于多种因素，如图像的像素大小、显示器大小及显示器分辨率设置等。点击“图像/图像大小”弹出“图像大小”对话框，如图1-26所示，可以调整图像的大小（宽度、高度、分辨率）。当勾选了“约束比例”复选框后，改变图像大小的高度和宽度是同时进行的，如果想单独调整宽度或高度就要取消选择“约束比例”复选框。

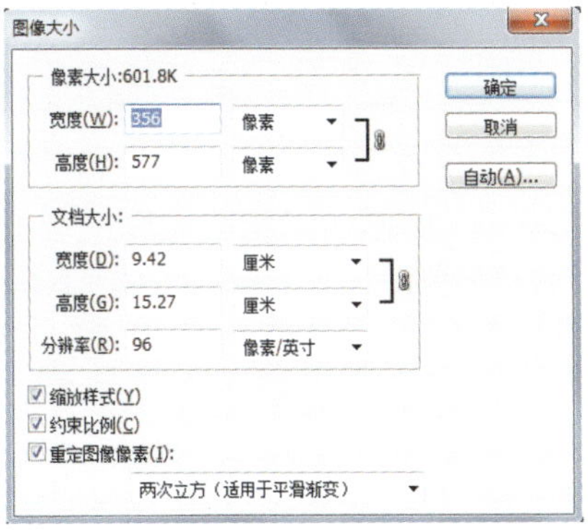

图1-26

图1-27

1.4.1 图像大小

“图像大小”是图像文件的数字大小，以千字节（KB）、兆字节（MB）或千兆字节（GB）为度量单位。文件大小与图像的像素大小成正比。图像中包含的像素越多，在给定的打印尺寸上显示的细节也就越丰富，但需要的磁盘存储空间也会增多，而且编辑和打印的速度可能会更慢。因此，在图像品质（保留所需要的所有数据）和文件大小难以两全的情况下，图像分辨率成了它们之间的折中办法。

影响图像文件大小的另一个因素是文件格式。由于 GIF、JPEG 和 PNG 等文件格式使用的压缩方法各不相同，因此，即使像素大小相同，不同格式的文件大小差异也会很大。同样，图像中的颜色位深度和图层及通道的数目也会影响文件大小。

图1-27的图像大小是150×190像素（图1-28），现在要把它的图像大小改小一些，改为100×127像素（图1-29），改变后整幅图片的图像变小了（图1-30），图片的质量也会相应降低。

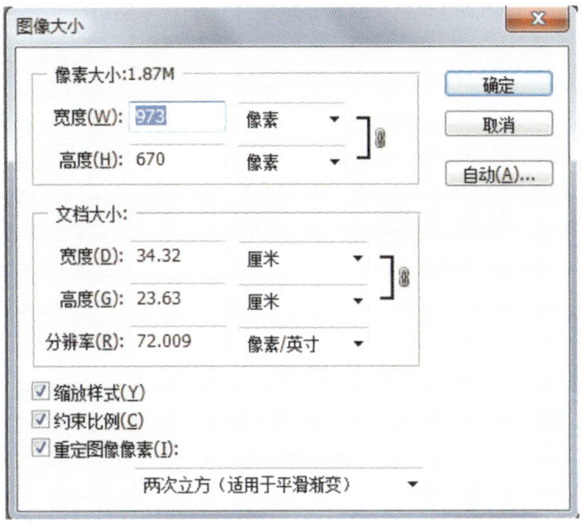

图1-28

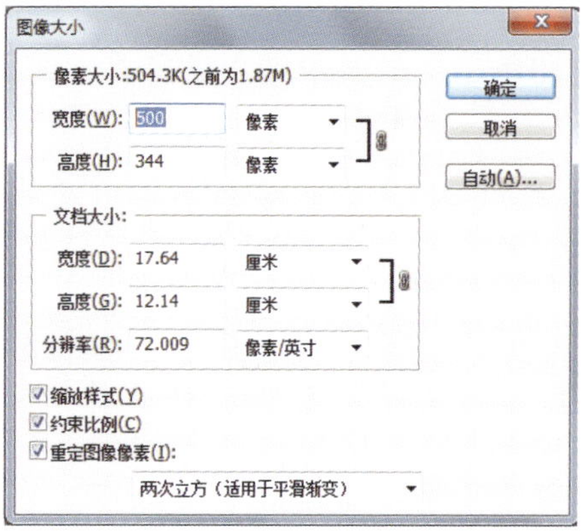

图1-29

图1-30

假如现在要改变图像的画布大小而不改变图像大小，看看有什么变化。点击“图像/画布大小”，弹出“画布大小”对话框，把图片（图1-30）的画布大小的宽度改变为100像素，定位设置为居中（图1-31），这时会弹出警告的对话框（图1-32）询问是否需要将画布剪切一部分，点“继续”，将会把图像两边的位置剪切一部分（图1-33）。这与改变图像相比就有所不同，改变图像大小是针对整幅图像的大小进行按比例修改，改变画布大小是针对画布的大小进行修改。

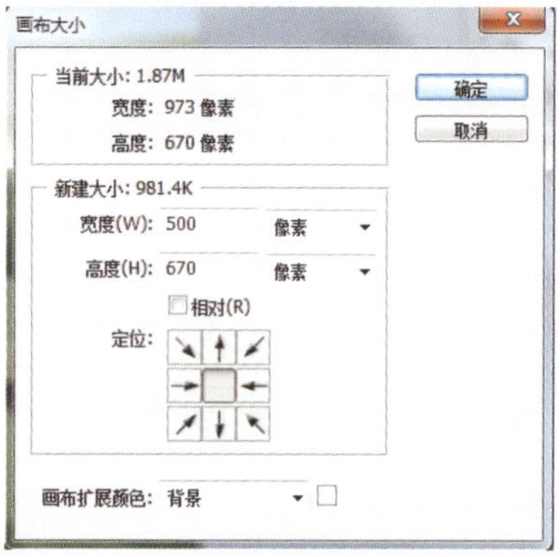

图1-31

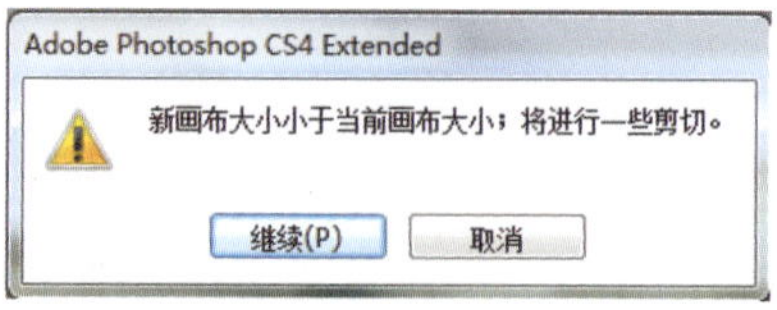

图1-32

图1-33

1.4.2　像素大小

位图图像在高度和宽度方向上的像素总量称为图像的像素大小。图像在屏幕上的显示尺寸由图像的像素尺寸和显示器的大小与设置决定。在制作用于联机分发的图像时，根据像素大小指定图像大小非常有用。请记住，更改像素大小不仅会影响屏幕上图像的大小，还会影响图像品质和打印特性，即打印尺寸或图像分辨率。

图1-34

1.4.3 图像分辨率

图像的分辨率由打印在纸上的每英寸像素 (ppi) 的数量决定。在Photoshop中，图像的分辨率可以根据自己的需要进行更改。如果新建的图像用于网上，一般将图像的分辨率设置为72像素/英寸（ppi）；如果要打印输出，则需要将分辨率设置为300像素/英寸（ppi）。在Photoshop中，图像分辨率和图像大小成正比，打印时，高分辨率的图像比低分辨率的图像包含的像素更多，因此像素点更小。与低分辨率的图像相比，高分辨率的图像可以展现更多细节和更丰富的颜色过渡，因为高分辨率图像中的像素密度更高，无论打印尺寸多大，高品质的图像通常看起来效果都比较好。

72像素/英寸

图1-35

300像素/英寸

图1-36

提高打印分辨率不会改善低品质图像的实际打印效果。提高图像的打印分辨率不会在图像中添加任何像素信息，但可以根据低分辨率图像中的像素数选择打印尺寸，以此来实现最佳效果。

1.5 常用图像格式

Photoshop支持20多种文件格式，而且通过增效工具模块，还可以支持更多的格式。深入了解图像文件格式非常重要，因为在运用Photoshop的过程中，经常会遇到采用什么样的文件格式的问题。文件格式不同，文件效果一般也大不相同。例如，我们设计或处理作品时，在同样的条件下采用JPEG格式与PSD格式储存后有两大最明显的不同。第一，如果我们在操作过程中有多个图层没有合并的话，JPEG格式储存的文件只有一个图层（它会自动合并所有图层），采用PSD格式储存的文件有多个图层（它在储存时有多少图层，打开后还有多少图层，这样要想修改就比较方便）。第二，JPEG格式储存的文件相对来说要小很多，占用空间相对也比较小，而采用PSD格式储存的文件与JPEG格式相比就比较大，占用空间同样也比较大。

一般来说，用于印刷时，常采用TIFF等格式；用于网络时，一般可供选择的有GIF、JPEG、PNG等格式。下面介绍几种比较常见的图像文件格式。

1.5.1 PSD文件

PSD文件格式是Photoshop的默认文件格式，也是唯一支持所有图像模式的文件格式，可以保存图像中的辅助线、Alpha通道和图层，这样我们就可以反复地对图像进行修改，直至满意为止。

1.5.2 TIFF文件

PCX格式是所有位图文件格式中最简单的，而TIFF格式(Tagged Image File Format)则是最复杂的一种。

TIFF文件含有.tif的扩展名，它以8字节长的图像文件头开始（ifh），这个文件头中最重要的成员是一个指向名为像文件目录（ifd）的数据结构的指针。ifd是一个名为标记（tag）的用于区分一个或多个可变长度数据块的表，标记中含有关于图像的信息。TIFF文件格式定义70多种不同类型的标记，有的用来存放以像素为单位的图像宽度和高度，有的用来存放色表（如果需要的话），当然还必须有用来存放位图数据的标记，一个TIFF格式的文件完全由它的标记决定，而且这种文件结构极易扩展，要附加一些特征只需增加一些额外的标记即可。

1.5.3 GIF文件

许多图像方面的权威人士想到lzw的时候，也会想到GIF（Graph Ics Interchange Format），这是一种常用的跨平台的位图文件格式，最初为CompurServe公司所创。Gif文件通常带有.gif的扩展名，而且在CompurServe上大量存在。

1.5.4 JPEG文件

JPEG（Joint Photographic Experts Group），发音作jay-peg。文件格式最初由C-Cube Microsystems推出，是为了提供一种存储深度位像素的有效方法，例如对于照片扫描，颜色很多而且差别细微（有时也不细微）。JPEG和这里讨论的其他格式的最大区别是JPEG使用的是一种有损压缩算法，无损压缩算法能在解压后准确再现压缩前的图像，而有损压缩则牺牲了一部分的图像数据来达到较高的压缩率，但是这种损失很小以至于人们很难察觉。

JPEG图像压缩是一个复杂的过程，经常需要专门的硬件来帮助。首先图像以像素为单位分成8×8的像素矩阵，然后，每个像素矩阵分三个步骤被压缩：第一步使用DCT (Discrete Cosine Transform)离散余弦变换把8×8的像素矩阵变成8×8的频率（也就是颜色改变的速度）矩阵；第二步对频率矩阵中的值用量化矩阵进行量化，滤掉那些总体上对图像不重要的部分；第三步也就是最后一步，对量化后的频率矩阵使用无损压缩。

1.6 学习Photoshop的方法

1. 善于模仿，勤于练习

学习每一样东西都是从模仿开始的，这样容易吸收别人的长处，吸取经验，少走弯路。模仿学习的方式有很多，可以模仿老师课堂的作品，或者阅读并练习Photoshop教程书籍的例子，一步一步地学习和积累。

2. 学会独立思考、多思考

在模仿练习的过程中要明白各个操作的原理，然后多思考为什么这样做，并且懂得把所学的知识灵活运用，举一反三。

3. 熟记快捷键

它们方便、快捷，可以达到事半功倍的效果。

4. 养成收集平面素材的习惯，不断提高审美能力

在平时的练习中要学会不断收集各种各样的平面素材，一方面便于在设计的过程中运用图片，另一方面多收集优秀的作品，对其图像的造型、色彩、构图等方面进行模拟练习，可以提高自身的审美能力，这样日积月累便可以提高自身的设计能力。

5. 学习的正确思路

看到一个效果—惊讶—我也要做—学习—理解延伸—我能用这个特性做出更好的效果吗？……我还有其他方法实现吗？—再看到下一个效果，哦，原来就是这么简单……

1.7 图像基础操作

1.7.1 创建与打开图像

1. 创建文件

在Photoshop中新建一个文件，可以选择菜单中的“文件”→“新建”命令，也可以按快捷键Ctrl+ N，然后在弹出如图1-37所示的对话框中对新文件的图像尺寸、“颜色模式”及“分辨率”等参数进行设置。

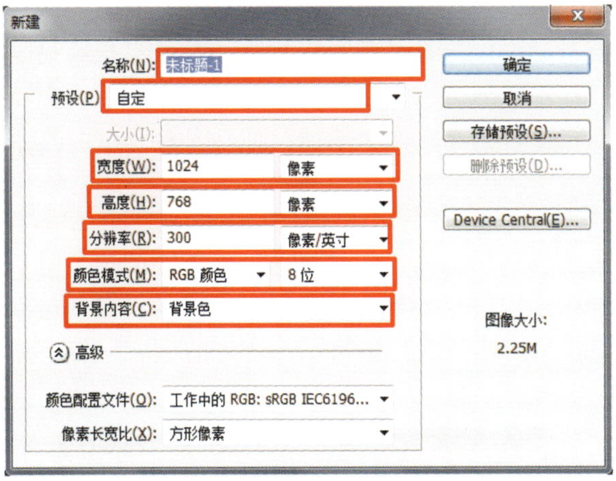

图1-37

基本参数设置具体操作如下：

（1）在“名称”文本框中输入新文件名称。

（2）在“预设”下拉列表框中设置宽度和高度，可以选择系统自带的尺寸设定，也可以选择“自定义”选项，在“宽度”和“高度”数值框中输入所需要的文件尺寸。

（3）设置新文件的“分辨率”：在新文件的高度和宽度不变的情况下，分辨率越高，图像就越清晰。

（4）设置新文件的“颜色模式”：一般采用RGB模式。

（5）为图像的“背景内容”设置新文件的背景颜色，可选择白色、背景色、透明三种模式。

2. 打开图像

选择菜单中的“文件”→“打开”命令，也可以按快捷键Ctrl + O来打开图像，从而进行修改、编辑等操作。可能存在Photoshop无法确定文件的正确格式的情况，必须指定打开文件所用的正确模式才能打开图像。

1.7.2 保存图像

选择菜单中的“文件”→“存储”命令，也可以按快捷键Ctrl +S来存储文件。存储前根据需要再进行设置，在“文件名”中输入自己想要的文件名，在“文件格式”中选择相应的文件格式。若要在已编辑图像中保留所有Photoshop效果（如图层、效果、样式等），最好使用Photoshop格式（PSD）存储图像的拷贝。

1.7.3 缩放图像

在处理图像时，可能经常会根据需要放大或缩小图像显示，此时，可选用工具箱中的缩放工具，或使用“视图”菜单中的“放大”“缩小”“满画布显示”“实际像素”“打印尺寸”等选项。

1.7.4 移动图像

当图像超出当前显示窗口时，系统将自动在显示窗口的右侧和下方出现垂直滚动条和水平滚动条，因此，可直接借助滚动条在显示窗口中移动显示区域。此外，还可借助工具箱中的抓手工具来改变显示区域，选定抓手工具后，在图像显示窗口拖动光标可改变显示区域。或直接按着“空格键”，在图像显示窗口拖动光标，也可改变显示区域。

1.7.5 “历史记录”调板

“历史记录”调板（如图1-38所示）是Photoshop重要的组成部分。“历史记录”调板主要记载用户每一步操作的记录。如果在操作过程中出现误操，可以在“历史记录”调板里面轻松解决，只要点击上一步的操作就可回到刚才的最后一步正确操作状态。

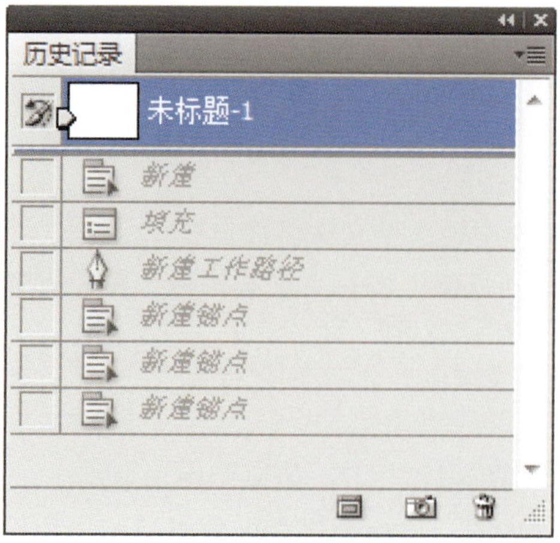

图1-38

1.8 练习

1. 选择题

（1）Photoshop默认的文件格式为？（　）

A. PSD格式　　B. JPG格式

C. PDF格式　　D. TIFF格式

（2）设置新文件的“颜色模式”，一般采用什么模式？（　）

A. CMYK模式　　B. RGB模式

C. Lab模式　　D. 灰度模式

2. 问答题

（1）Photoshop能干什么？

（2）Photoshop有哪六大功能？

（3）如何区别位图与矢量图？

（4）如何建立及保存图像？

3. 操作题

（1）利用三种方法移动图像。

（2）利用“历史记录”调板调整回上一步操作。

创作作品欣赏

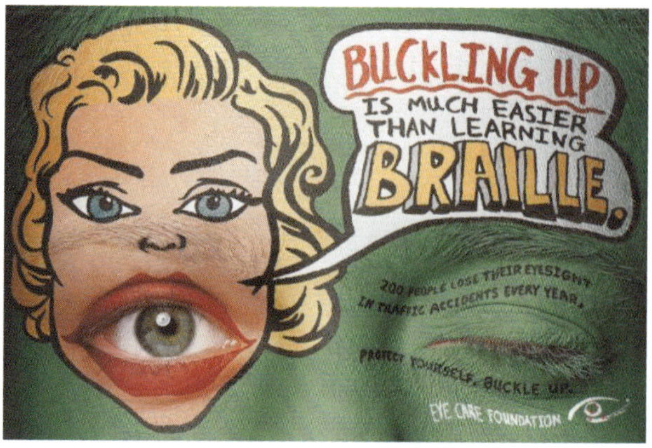
BUCKLING UP
IS MUCH EASIER
THAN LEARNING
BRAILLE.
200 PEOPLE LOSE THEIR EYESIGHT
IN TRAFFIC ACCIDENTS EVERY YEAR.
PROTECT YOURSELF. BUCKLE UP.
EYE CARE FOUNDATION

THINGS I HAVE LEARNED
STEFAN
SAGMEISTER
THINGS
I HAVE LEARNED
IN MY LIFE
SO FAR

Удивительный чай!
CURTIS
Чай «Кёртис баунти»
Белый китайский чай с изысканным сочетанием экзотической папайи, сладкого яблока и нежной питахайи. Окунитесь в воспоминания о далеких солнечных странах – сделайте глоток яркой жизни!
www.curtistea.com
CURTIS
Bountea

第2章 Photoshop图像选择

本章主要介绍Photoshop的选择以及使用选取指令等内容。通过本章的学习，能够理解和灵活掌握Photoshop选择工具的使用，熟练使用选取指令来制作实例。

2.1 创建规则选区

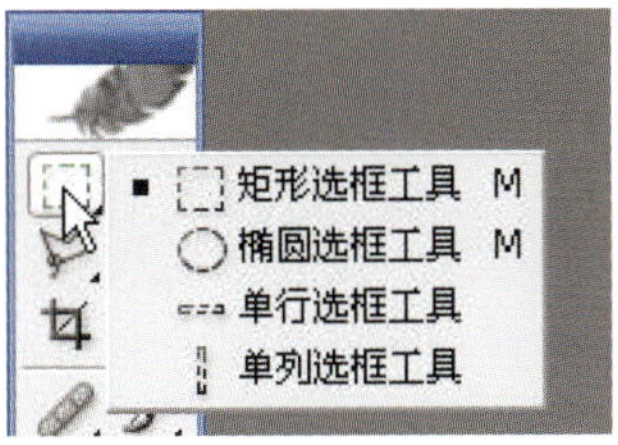

图2-1

图2-2

矩形选框工具：用于创建和选择正方形或长方形区域。当选定了“矩形选框工具”，其缺省设置为“正常”，用于创建任何尺寸的矩形选区。操作时，只要在图像窗口中按下鼠标左键同时移动鼠标，拖动到合适的大小松开鼠标即可建立一个简单的矩形选区，操作过程如图2–2所示。

椭圆选框工具：可以创建椭圆形或是正圆形的选取范围。

单行选框工具：水平选取高度1 pixel的范围。

单列选框工具：垂直选取宽度1 pixel的范围。

每个工具在上方都有其相应的选项栏，如图2–3所示。

操作技巧：如果这时候屏幕没有显示相应的选项栏，执行“窗口”→“显示选项”命令调出工具选项栏即可。矩形选框工具的选项栏分为三个部分：选择方式、羽化和消除锯齿、样式，这三部分分别提供对“矩形选框工具”各种不同参数的控制。

图2–3

1. 选择方式

如图2–4所示。

图2–4

（1）建立新选区。

在新选区状态下，新选区会替代原来的旧选区，相当于取消后重新选取，这个特性也可以用来取消选区，用选取工具在图像中随便点一下即可取消现有的选区。

（2）添加到选区。

在添加状态下，新旧选区将共存。如果新选区在旧选区之外，则形成两个封闭流动虚线框，如果彼此相交，则只有一个虚线框出现。

图2-5

图2-6

（3）从选区中减去。

在从选区中减去状态下，新的选区会减去旧选区。如果新选区在旧选区之外，则没有任何效果；如果新选区与旧选区有相交部分，则会减去两者相交的区域；如果新选区在旧选区之内，则会形成一个中空的选区。

（4）与选区交叉。

与选区交叉也称为选区交集，它的效果是保留新旧两个选区的相交部分。如果新旧选区没有相交部分，则会出现警告框。

以上四种选区运算方式对于所有的选区工具都是共通的，任何选区工具都具有这四种运算方式，可以用套索工具减去魔术棒工具创建的选区，也可以用矩形选框工具加上椭圆选框工具创建的选区。

2. 操作技巧

除了在选项栏切换运算方式以外，也可以通过快捷键来切换。建议将选项栏的运算方式设置为第一个，即新选区，然后通过快捷键来切换，因为通过快捷键切换的方式更为实用，也更快速。

添加到选区的快捷键是Shift键，从选区减去的快捷键是Alt键，与选区交叉的快捷键是Shift+Alt键。这些快捷键只需要在按下鼠标之前按下即可，在按下鼠标以后，快捷键可以松开。比如要加上选区，先按Shift键，然后按下鼠标开始拖动，此时就可以松开Shift键，不必保持按下。这种方式应该多练习几次，并且结合到实际使用中去。

当选择矩形选框工具时，同时按住Shift键，再画出选区，这时将画出正方形。如果同时按住Shift+Alt键再画出选区，选区将会是以起点为中心的正方形。当选择椭圆选框工具时，同时按住Shift键，再画出选区，这时将画出正圆。如果同时按住Shift+Alt键再画出选区，选区将会是以起点为中心的正圆。

单行选框工具：使用“单行选框工具”可以在图像中制作出1像素高的单行选区，该工具的选项栏中只有选择方式可以设置，用法和原理都和“矩形选框工具”相同。

单列选框工具：与“单行选框工具”类似，使用“单列选框工具”可以在图像中制作出1像素宽的单列选区。

重点提示

“单行选框工具”和“单列选框工具”是两个较为特别的选择工具，当需要制作只有1个像素高或者宽的选区时，就需要它们来帮忙了。

3. 样式

除了完全依据鼠标轨迹来创建选区外，矩形和椭圆选框工具还可以设定为固定长宽比及固定大小。图2-7的固定长宽比为2∶1，这样无论选取多大的区域，一定是按照这个长宽比扩大或缩小的。一般电视机及电脑的屏幕比例是4∶3，电影银幕比例是16∶9，比例允许输入3位小数，宽度和高度之间的双向箭头作用是交换两个数值，固定大小（如图2-8所示）就是硬性规定选区的实际像素大小，这样无论怎样选都可以保证像素大小不变。

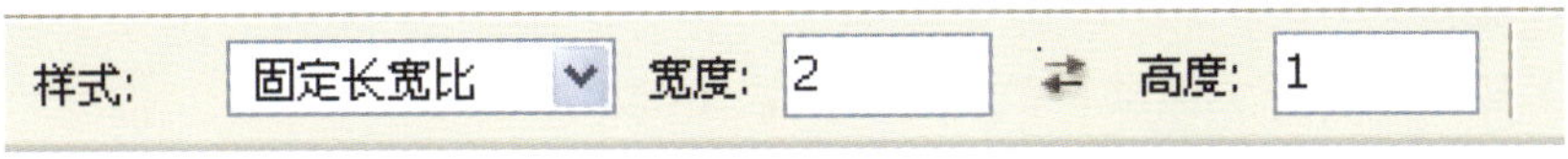

图2-7

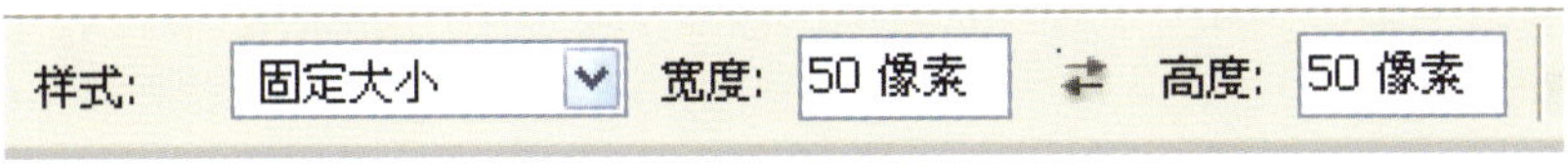

图2-8

4. 羽化

“羽化”命令可以使图像中选区的边缘产生由不被选择到完全选择的过渡区域，将选区羽化后可以复制出边缘透明的图像。使用椭圆选框工具，将羽化分别设为0和5，依次创建出两个正圆选区，然后填充上黑色，不要取消选区，看到使用了5像素的羽化后，填充的颜色不再局限于选区的虚线框内，而是扩展到了选区之外并且呈现逐渐淡化的效果，如图2-9所示。

图2-9

5. 锯齿

使用椭圆选框工具，分别关闭和打开消除锯齿(也称抗锯齿)，创建两个差不多大的正圆形选区，然后填充上黑色。仔细观察这两个圆的边缘部分，就会看到第一个圆的边缘较为生硬，有明显的阶梯状，也叫锯齿，而第二个圆相对要显得光滑一些。

图2-10

图2-11

2.2 创建不规则选区

2.2.1 套索工具组

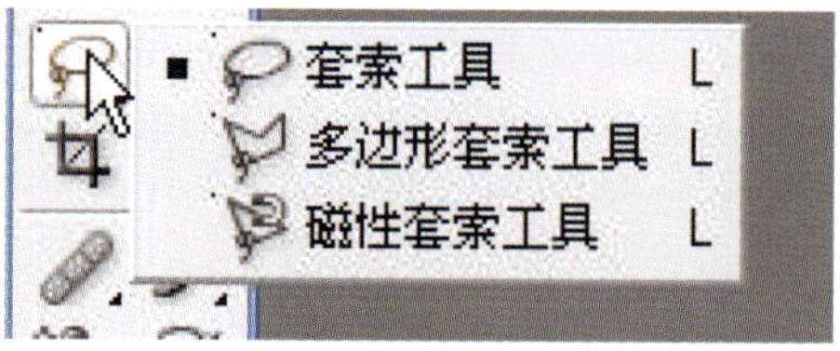

图2-12

1. 套索工具

在屏幕上按下鼠标任意拖动，松手（或按回车键）后即可建立一个与拖动轨迹相符的选区。需要注意的是，如果起点与终点不在一起就会自动在两者间连接一线。如果不希望出现这样的情况，应尽量将起点与终点靠近，但Photoshop不会提示是否重合。在选取过程中按下Esc键将取消本次选取。利用Shift来加选范围，或是利用Alt来减选范围。

2. 多边形套索工具

在画面上点击一下鼠标，拖动到另一点再点击一下鼠标，就可以拉出一条线，接着拖下去，就可以画出一个多边形的区域，要结束时快速按两下鼠标，则终点与起点会连接起来，之后可以搭配其他选择工具，利用Shift来加选范围，或是利用Alt来减选范围。另外，在“连点成线”过程中可以按Delete键或BackSpace键撤销前一个点，可一直撤销到最初状态。这个功能在套索工具中按下Alt键后也有效，但是撤销的时候Alt键不能松开，也就是说要保持按住Alt键再按Delete或BackSpace键。

3. 磁性套索工具

在画面上点一下鼠标，然后移动，它会自动寻找色调差异明显的像素形成随意形状的选取范围，之后可以搭配其他选择工具，利用Shift来加选范围，或是利用Alt来减选范围。磁性套索是一种可识别边缘的套索工具，可在图像中选出不规则的但图形颜色和背景颜色反差较大的图形。选中按钮，选项栏也就相应地显示为磁性套索工具的选项。磁性套索工具与套索有点不同，多了套索宽度和频率，前者用于设置磁性套索工具在选取时的探查距离，后者是用来制定套索连接点的连接频率。鼠标移到图像上单击选取起点，然后沿图形边缘移动鼠标，无须按住鼠标，回到起点时会在鼠标的右下角出现一个小圆圈，表示区域已封闭，此时单击鼠标即可完成此操作。Delete键和Alt键的操作和套索一样。

重点提示

在边缘清晰的图像中，可以尝试较高的宽度值与较高的边对比度，大致描绘边界就可以了，在边缘比较柔和的图像中，可以尝试较低的边对比度，更精确地描绘边界。至于频率，推荐用最大值100。

图2-13

2.2.2 魔术棒工具

魔术棒工具：可以自动选取影像上相邻且颜色相似的范围，也可以搭配其他选择工具，利用Shift来加选范围，或是利用Alt来减选范围，如图2-14、图2-15所示。

图2-14

图2-15

在该工具的选项栏上可以设置容差值，容差值越大，则选取的范围越大。有关容差不同造成的选取范围不同，可以从下面的例子看出，如图2-16、图2-17所示。注意图中有两个相邻的红色方块，我们用默认的32容差与80容差去选取红色，结果如图2-16和图2-17所示。可以看到容差越小，对色彩差别的判断就越严格，即使两个看起来很接近的颜色也未必会被选择，而当容差增大以后，就可以包含更多的颜色。

图2-16

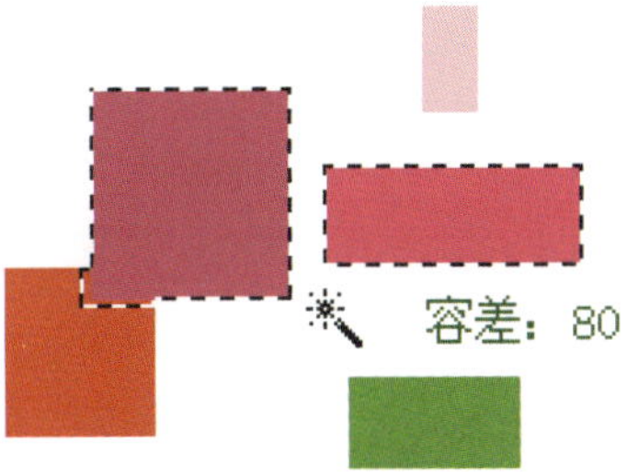

图2-17

这时注意公共栏中有一个“连续的”选项，现在将它关闭，然后用魔术棒工具点选任意一个绿色，会看到图像中全部的绿色方块都被选中了。如图2-18、图2-19所示，虽然没有改小容差，但绿色与红色及粉红色差别很大，因此即使容差为80也不用担心。

图2-18

图2-19

2.3　复制选区

创建选区之后，可用快捷键Ctrl + C复制选区，Ctrl + V粘贴选区。

2.4　移动选区

选区建立后可以移动，方法是在选区内按下鼠标左键拖动到新位置即可，前提是必须使用选取工具且运算方式为新选区，光标为⊳⬚时才可以移动，移动过程中按下Shift键可保持水平或垂直或45度方向，移动后的选区大小不变，如图2-20所示。

图2-20

2.5　取消选区

创建选区之后，可在选区内任意区域，点击鼠标右键，并选择“取消选择”，可以取消选区或点击“选择”→“取消选择”，快捷键为Ctrl +D。

2.6　选区指令

2.6.1　色彩范围

单击“选择”→“色彩范围”，弹出对话框，可对整个图像中与某种颜色相近的区域进行选择，调整色彩容差所需值，点选所需要的范围，可以得到想要的效果，如图2-21、图2-22所示。

图2-21

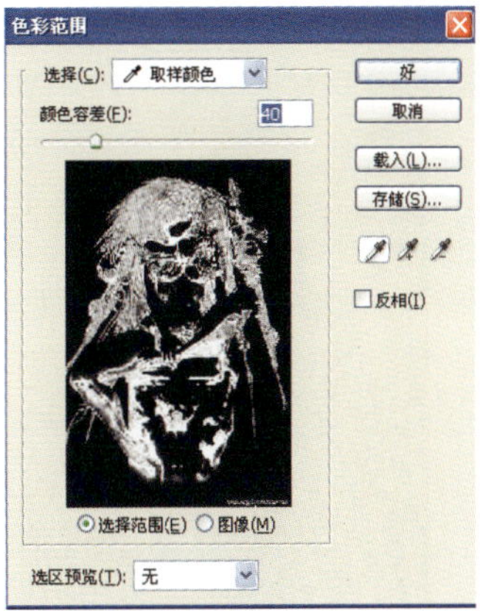

图2-22

执行“选择”→“修改”用于修改所选取的选区范围。

执行“选择”→“修改”→“边界”命令，可以在选区的基础上根据当前选区的状况选取选区的边界。

执行“选择”→“修改”→“平滑”命令，可以使当前选区平滑选取。

执行“选择”→“修改”→“扩张”命令，可以在选区的基础上根据当前选区的状况扩大选区的选取范围。

执行“选择”→“修改”→“缩小”命令，可以在选区的基础上根据当前选区的状况缩小选区的选取范围。

2.6.2 扩大选区

选择“选择”→“扩大选取”命令，可以在选区的基础上根据当前选区的状况扩大选区的选取范围。如图2–23、图2–24所示为在原选区基础上选择此命令后扩大的选区效果。

图2–23

图2–24

2.6.3 选取相似

在场景中创建一个选区后，选择“选择”→“选取相似”命令，Photoshop会在整个图像中寻找并选取与当前选区中颜色相似的区域。如图2–25、图2–26所示为在原选区基础上选择此命令后得到的选区效果。

图2-25

图2-26

2.6.4 变换选区

在场景中创建一个选区后，选择“选择”→“变换选区”命令，可以自由地改变当前选区的区域。如图2-27、图2-28所示为在原选区基础上选择此命令后得到的选区效果。

图2-27

图2-28

2.7 实例 绘制卡通笑脸

制作效果如图2-29所示。

图2-29

步骤1:

新建立一个空白画布，单击“文件”→“新建”，弹出“新建”对话框，名称改为“卡通人物”，宽度为800像素，高度为600像素，分辨率为100像素/英寸，模式为RGB颜色，背景内容为白色，如图2-30所示。

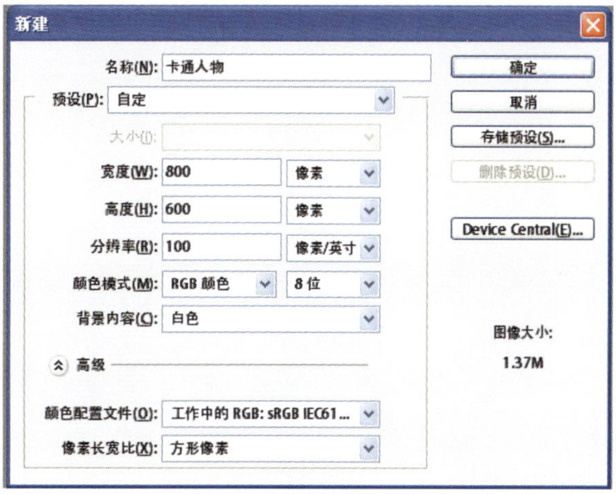

图2-30

步骤2:

在工具箱中选用椭圆选框工具，按住Shift键绘制一个正圆形，设置前景色为蓝色。单击“编辑”→“填充”，弹出“填充”对话框，设置内容为前景色，混合模式为正常，单击“确定”（或者使用快捷键Alt+Delete），如图2-31所示。

图2-31

步骤3:

选择“编辑”→“描边”，弹出“描边”对话框，设置宽度为4像素，颜色为黑色，位置为内部，混合模式为正常，单击“确定”，如图2–32、图2–33所示。

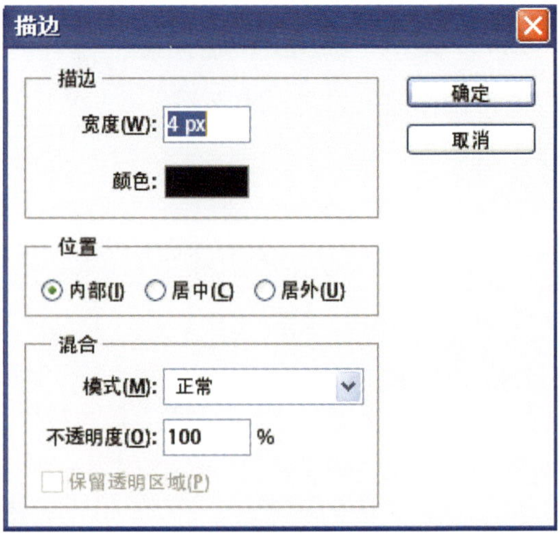

图2–32

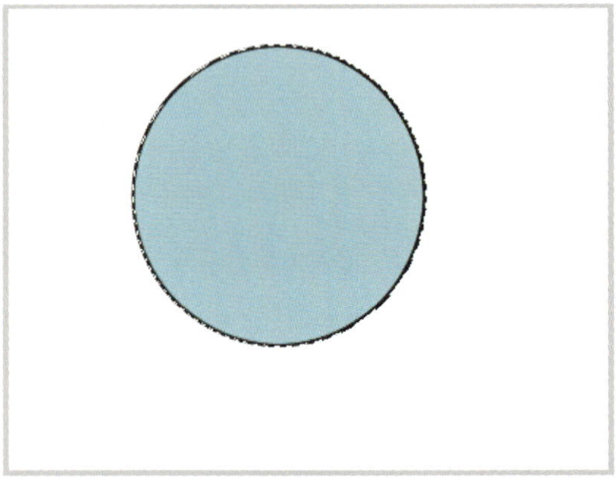

图2–33

步骤4:

选择魔术棒工具，选取画面中蓝色区域。并选取椭圆选框工具，选择“从选区中减去”的方式进行减选，如图2–34、图2–35所示。

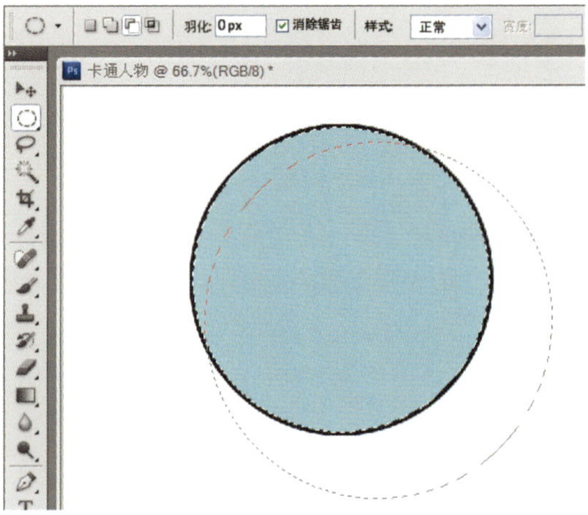

图2–34

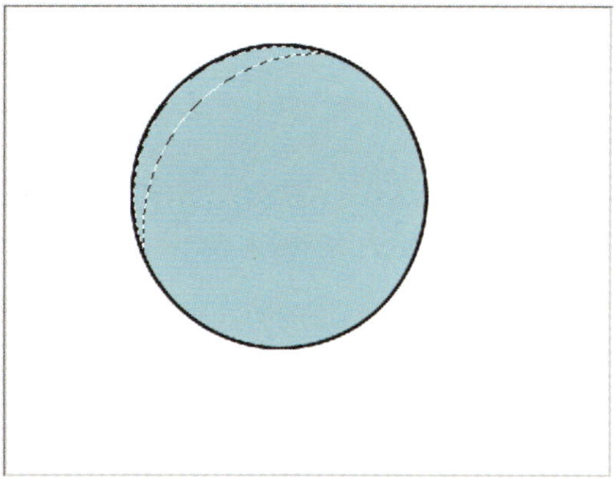

图2-35

步骤5:

设置前景色为白色，执行“编辑”→“填充”，选择内容使用为白色，混合模式为正常，不透明度为100%（或者使用快捷键Alt+Delete），并取消选择（Ctrl+D），如图2-36所示。

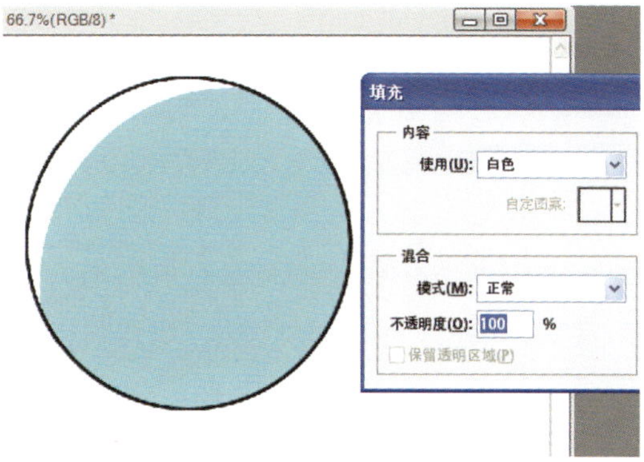

图2-36

步骤6:

绘制眼睛，选择椭圆选框工具，绘制椭圆选区，填充黑色，并取消选择（Ctrl+D），如图2-37所示。

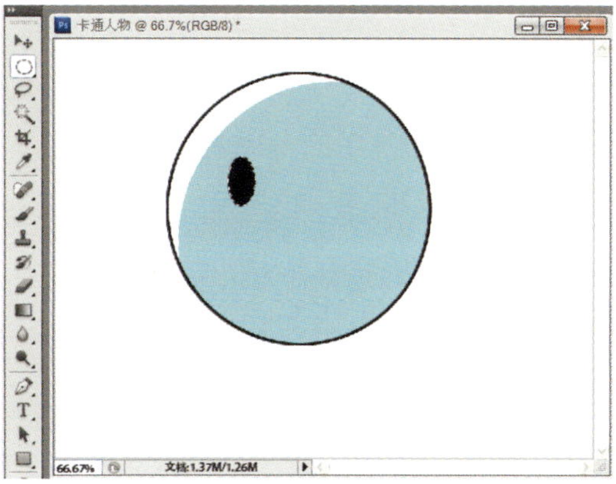

图2-37

步骤7:

选择移动工具，并按住键盘的Alt键，进行移动复制另一只眼睛，并取消选择（Ctrl+D），如图2-38所示。

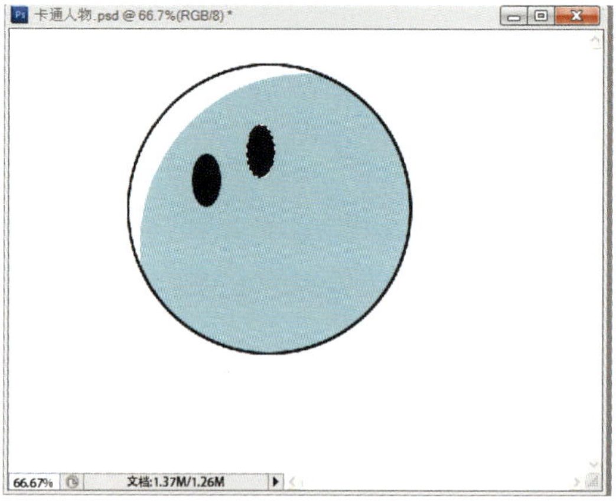

图2-38

步骤8:

绘制嘴巴，选择椭圆选框工具，绘制椭圆选区，如图2-39所示。

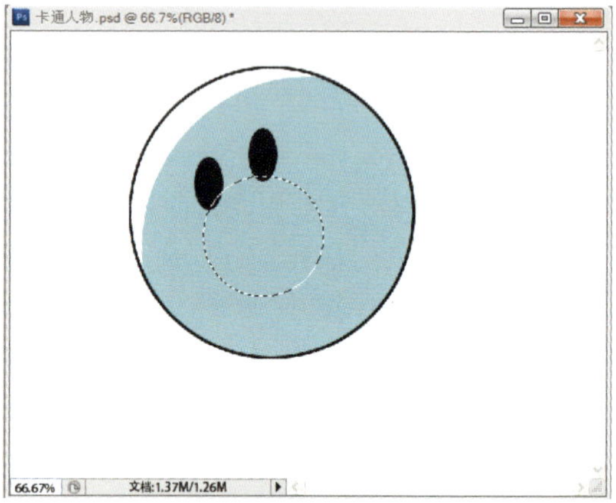

图2-39

步骤9:

选择椭圆选框工具，并选择“从选区中减去”，进行减选，如图2-40、图2-41所示。

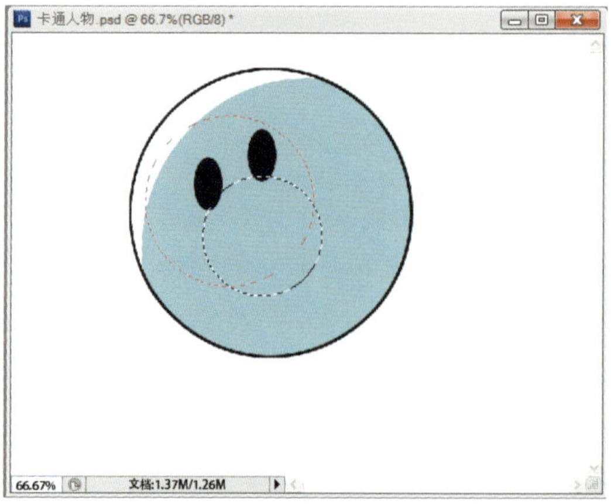

图2-40

图2-41

步骤10:

设置前景色为黑色，并填充（快捷键Alt+Delete），取消选择（Ctrl+D），如图2-42所示。

图2-42

步骤11:

绘制腮红，选择椭圆选框工具，并设置羽化值15像素，进行绘制椭圆选区。设置前景色为白色，并进行填充，如图2-43所示。

图2-43

图2-44

步骤12:

用同样的方法继续绘制另一个腮红，如图2-45所示。

图2-45

步骤13:

绘制底部投影，选择椭圆选框工具绘制椭圆选区，设置前景色为浅灰色，并进行填充，如图2-46所示。

图2-46

步骤14:

取消选择，执行“选择”→“取消选择”（Ctrl+D），完成！如图2-47所示。

图2-47

2.8 练习

1. 选择题

（1）当使用套索工具组绘制选区时，按住哪个键可加选范围?（　）

A. Ctrl键　　B. Alt键

C. Shift键　　D. Alt + Shift键

（2）当使用套索工具组绘制选区时，按住哪个键可减选范围?（　）

A. Ctrl键　　B. Alt键

C. Shift键　　D. Alt + Shift键

（3）如当前使用的是选区选择工具选择的范围，而要对此范围进行羽化，快捷键是?（　）

A. Ctrl+Shift+D键　　B. Alt+ Shift + D键

C. Shift + D键　　D. Alt + Ctrl + D键

2. 问答题

（1）选框工具有多少种？分别是哪些？

（2）套索工具有多少种？分别是哪些？

（3）如何通过选取范围运算来创建自定义形状？

3. 操作题

（1）实战——利用选区制作“酷丫头”效果。

图 2-48

（2）实战——利用选区制作“月光情人”效果。

图2-49

创作作品欣赏

第3章　Photoshop图像色彩

图像色彩的把握是作品设计中的一个难点，很能体现设计功力。Photoshop提供了完善的色彩和色调的调整功能，通过本章的学习，应掌握图像色彩与色调的调整与应用，如应用色阶、曲线、亮度/对比度、色相/饱和度等功能调整图像色彩等。

3.1　色彩基础编辑

3.1.1　前景色与背景色

前景色与背景色可以分别存放一种颜色，在图像操作过程中经常要使用前景色和背景色，它们位于工具箱下半部分的颜色选取框中，如图3-1所示，黑色色块是前景色，白色色块是背景色。

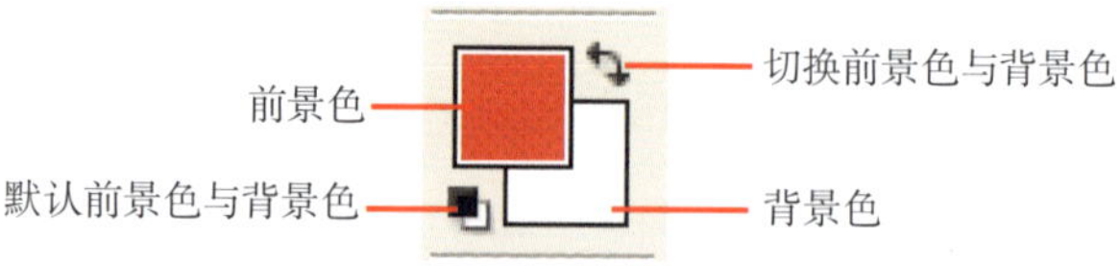

图3-1　前景色与背景色

3.1.2　拾色器

单击前景色或背景色可以打开“拾色器”对话框，如图3-2所示。

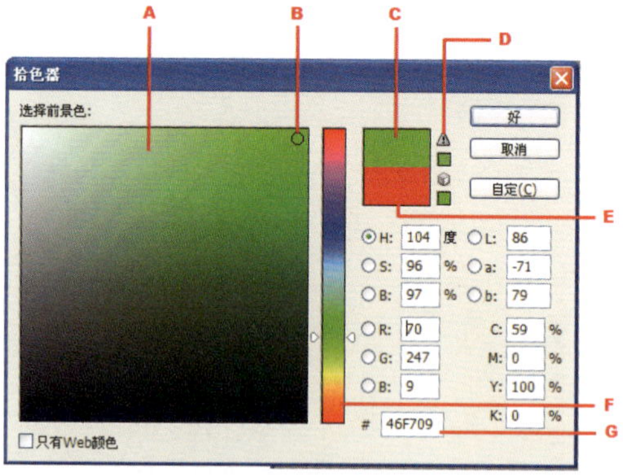

图3-2　拾色器

A. 色域　B. 拾取的颜色　C. 调整后的颜色　D. 色域警告图标　E. 原来的颜色　F. 颜色滑块　G. 颜色编号

3.1.3　“颜色”调板

“颜色”调板是为了方便用户使用颜色而设置的。选择“窗口”菜单的“颜色”命令或按F6键可以显示或隐藏“颜色”调板，如图3-3所示。

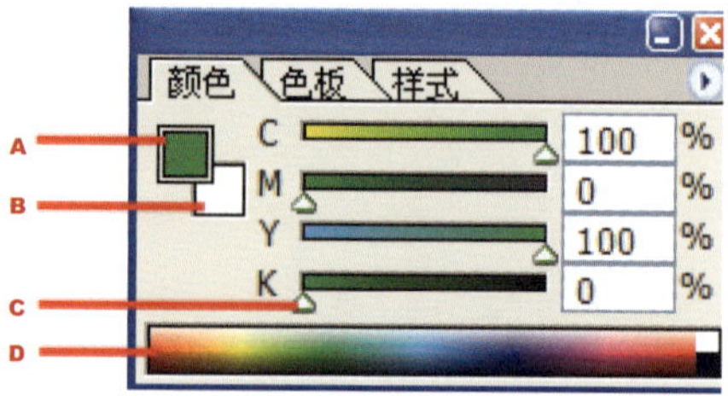

图3-3　“颜色”调板

A. 前景色　B. 背景色　C. 滑块　D. 颜色条

3.1.4 “色板”调板

选择“窗口”菜单的“色板”命令可以显示或隐藏“色板”调板，如图3-4所示。“色板”调板中预存着许多已经设置好的颜色，使用时直接选取即可。当然，色板中的颜色是可以增加或删除的。

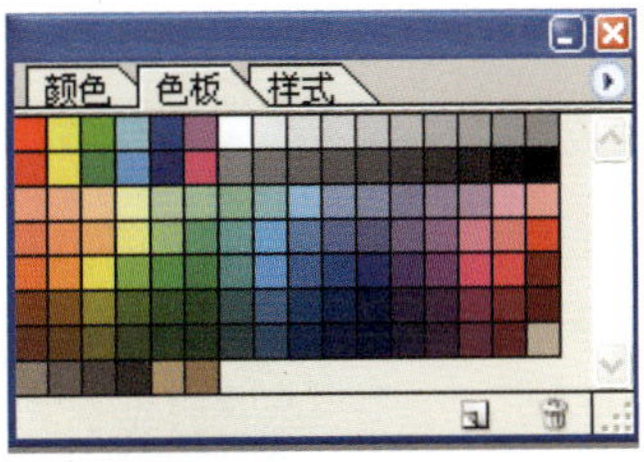

图3-4　色板

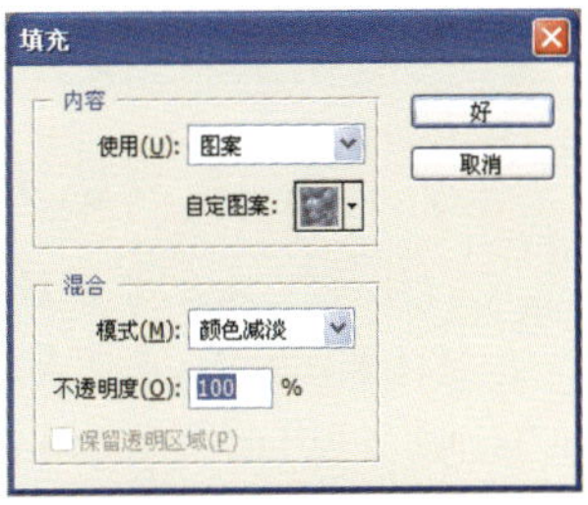

图3-5　“填充”对话框

3.1.5 “填充”指令

通常在只填充单色的情况下，可以直接利用前景色或背景色结合快捷键Alt+Delete或Ctrl+Delete进行填充。但如果要填充不透明度、混合模式或图案时，就必须用“填充”命令了。选择“编辑”→“填充”命令即可调出如图3-5所示的“填充”对话框。利用填充功能获得如图3-6、图3-7所示效果。

图3-6　选定填充范围

图3-7　填充后效果图

3.1.6 “描边”指令

使用“编辑”→“描边”命令可以在选取范围或图层周围绘制出漂亮的线条，描边命令操作简单，如图3-8、图3-9、图3-10所示，可以描绘出图像的边框等。

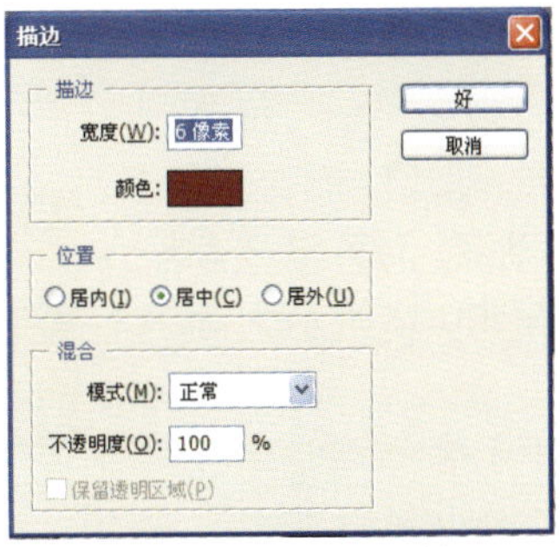

图3-8　“描边”对话框

图3-9　选定描边范围

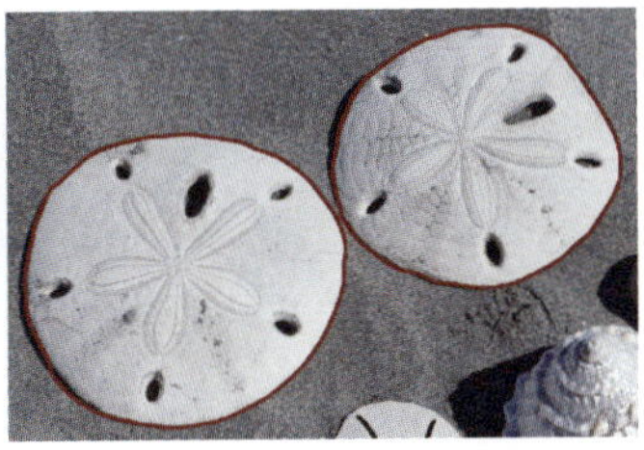
图3-10　描边后效果图

3.2 色彩工具

3.2.1 颜色替换工具

顾名思义，此工具可用于更改图像颜色，它可根据设置的前景色更改被涂抹区域的颜色，如图3-11、图3-12所示。

图3-11 原图

图3-12 效果图

3.2.2 油漆桶工具

利用油漆桶工具可以在图像中填充颜色，它只对图像中颜色相近的区域进行填充，如图3-13所示，使用油漆桶工具来填充颜色值与前景色相似的像素，获得如图3-14所示的效果。

图3-13 原图

图3-14 效果图

3.2.3 渐变工具

渐变工具用于创建多种颜色间的混合过渡效果，它包括五类渐变效果，即线性渐变、径向渐变、角度渐变、对称渐变和菱形渐变。如图3-15所示为渐变工具选项栏。

图3-16所示为分别使用五类渐变效果绘制出来的图案。

图3-15 渐变工具选项栏

线性渐变

径向渐变

角度渐变

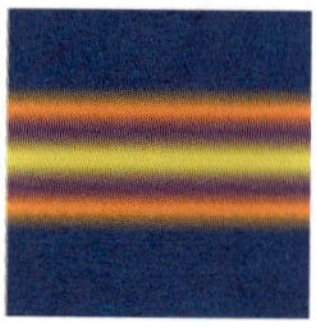

对称渐变

菱形渐变

图3-16 不同渐变效果

在选择渐变工具的情况下，单击其工具选项栏左侧的渐变类型显示框，如图3-17所示，即可弹出“渐变编辑器”对话框。

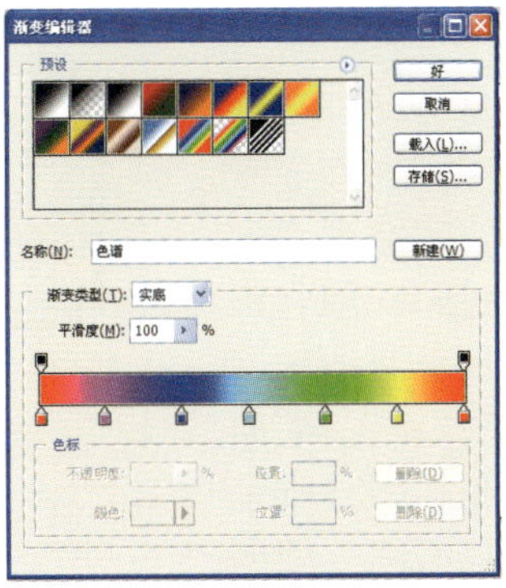

图3-17 “渐变编辑器”对话框

3.3 色彩调整

3.3.1 色阶

“色阶”命令可以调整图像的明暗度、中间色和对比度，是图像调整过程中使用最频繁的命令之一，选择“图像”→“调整”→“色阶”命令，弹出如图3-18所示的对话框。

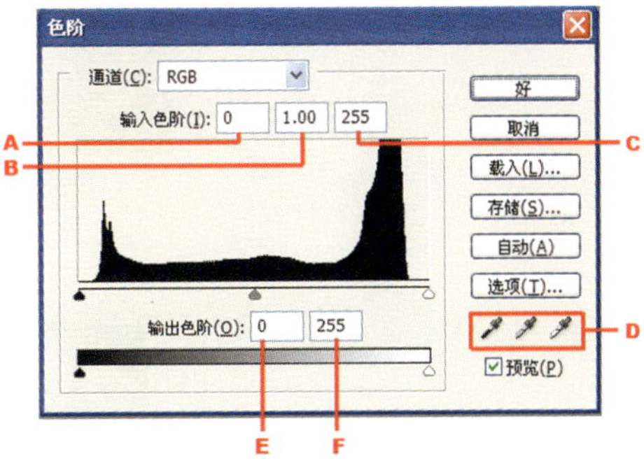

图3-18 “色阶”对话框

A. 暗调 B. 中间调 C. 亮调 D. 黑色、灰色、白色吸管 E. 最低色阶 F. 最高色阶

图3-19和图3-20为调整“色阶”的“中间调”与“亮调”得到的效果。

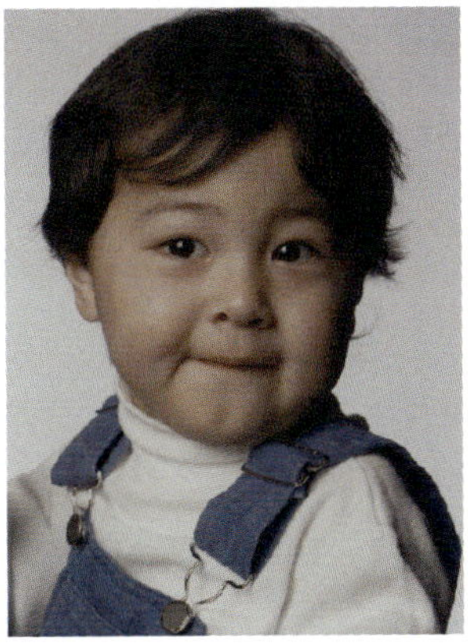

图3-19 原图

图3-20 调整后效果图

3.3.2 曲线

“曲线”命令可以用曲线的方式调整图像的色调。此命令的功能非常强大，能够精确调整图像中每一个色调，而且可以在色调与色调间调整图像。选择“图像”→“调整”→“曲线”命令，弹出如图3-21所示的对话框。调整如图3-22所示“曲线”对话框，得到如图3-23、图3-24所示的效果。

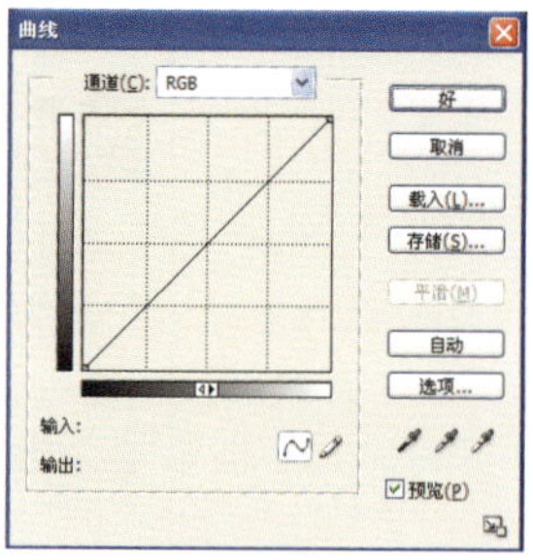

图3-21 默认“曲线”对话框

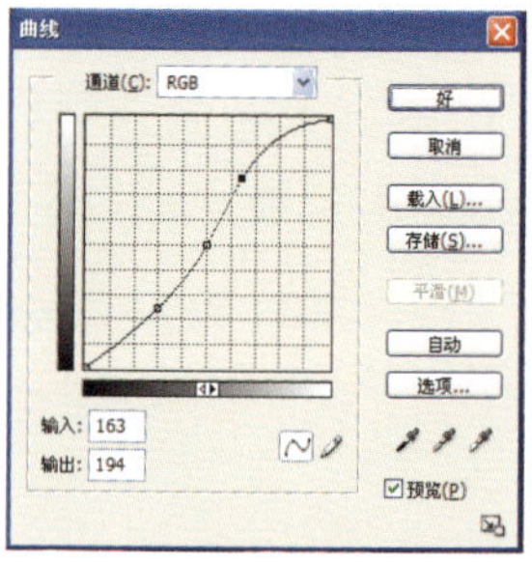

图3-22 调整后“曲线”对话框

图3-23 原图

图3-24 调整后效果图

3.3.3 变化

“变化”命令是各种命令中最简单的一种，它通过所见即所得的方式让用户直观地调整图像的色彩平衡、对比度和饱和度。选择“图像”→“调整”→“变化”命令，弹出如图3-25所示的对话框。

图3-25 “变化”对话框

3.3.4 亮度/对比度

“亮度/对比度”命令可以方便地改变整个图像的亮度和对比度。选择“图像”→“调整”→“亮度/对比度”命令，弹出如图3-26所示的对话框。效果如图3-27、图3-28所示。

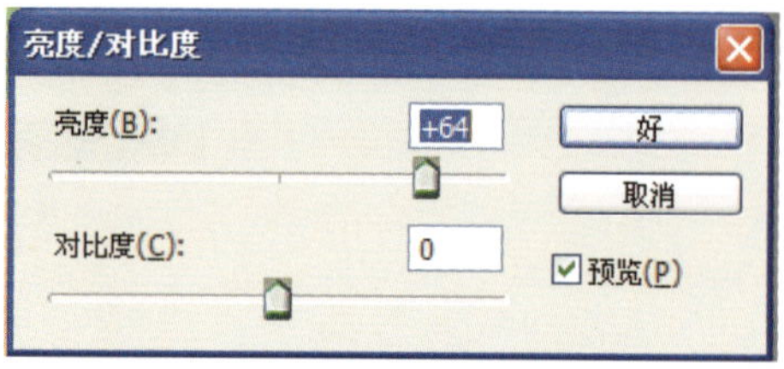

图3-26 “亮度/对比度”对话框

图3-27 原图

图3-28 调“亮度”后效果图

3.3.5 色相/饱和度

“色相/饱和度”命令可以改变图像的色相、饱和度和明度。选择“图像”→“调整”→“色相/饱和度”命令，弹出如图3-29所示的对话框。效果如图3-30、图3-31所示。

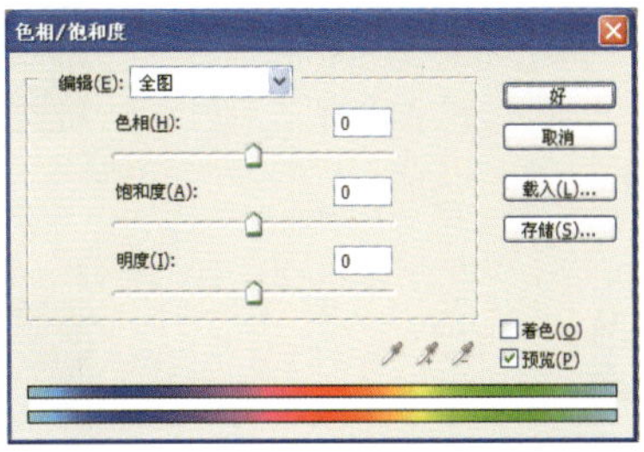

图3-29 “色相/饱和度”对话框

图3-30 原图

图3-31 效果图

3.3.6 自动色阶

选择“图像”→“调整”→“自动色阶”命令，系统根据当前图像的明暗程度，分别对每个通道进行自动调节，把最高色阶调整为255，把最低色阶调整为0。此功能把图像每个通道的色阶范围分别扩大了，这样就增加了图像的对比度。此功能与“色阶”对话框中的“自动”

图3-32 原图

图3-33 效果图

按钮功能完全相同。效果如图3-32、图3-33所示。

3.3.7　自动对比度

选择“图像”→“调整”→“自动对比度”命令，系统根据当前图像的明暗程度，把所有通道作为一个整体进行统一调节，把最高色阶调整为255，把最低色阶调整为0。自动对比度与自动色阶原理不同，但多数情况下效果差别不大。效果如图3-34、图3-35所示。

图3-34　原图

图3-35　效果图

3.3.8　自动颜色

选择“图像”→“调整”→“自动颜色”命令，系统将自动对图像的色相、饱和度、亮度和对比度进行调整，若一次不够，可重复执行多次。效果如图3-36、图3-37所示。

图3-36　原图

图3-37　效果图

3.3.9　色彩平衡

“色彩平衡”命令可改变图像中颜色的组成，可以分别调节图像高光、中间调和暗调。选择“图像”→“调整”→“色彩平衡”命令，弹出如图3-38所示的对话框。效果如图3-39、图3-40所示。

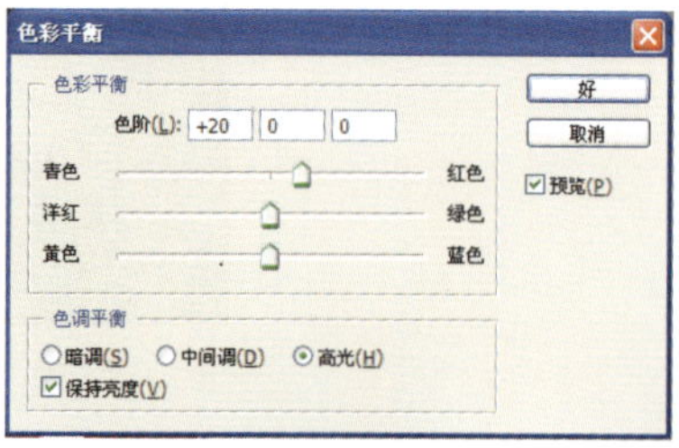

图3-38　“色彩平衡”对话框

图3-39　原图

图3-40　效果图

3.3.10 去色

“去色”命令能将图像中所有颜色的饱和度都降为0，使之转为灰度图像，但图像的模式仍为原来的模式。在很多作品中，常常通过把周围环境处理为灰色，而主体保留彩色来强调重点。效果如图3-41、图3-42所示。

图3-41 原图

图3-42 效果图

3.3.11 匹配颜色

“匹配颜色”命令能使多个图像、多个图层或多个颜色选区的颜色相匹配。它也可以通过改变亮度和颜色强度来调整单个图像。选择“图像”→“调整”→“匹配颜色”命令，弹出如图3-43所示的对话框。效果如图3-44、图3-45、图3-46所示。

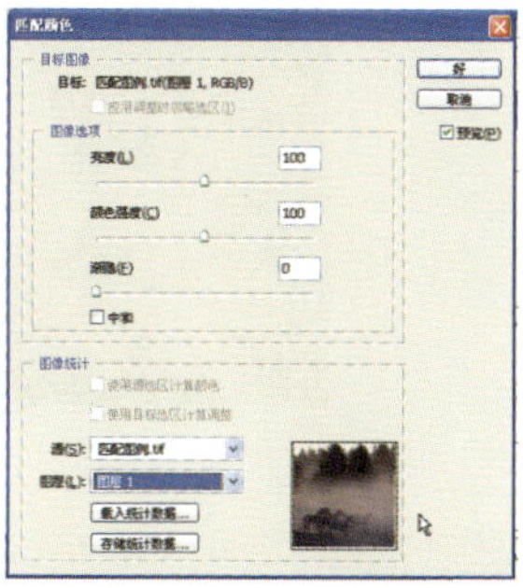

图3-43 “匹配颜色”对话框

图3-44 原图

图3-45 匹配图

图3-46 效果图

3.3.12 替换颜色

“替换颜色”命令可以在图像中以指定的色相、明度与饱和度替换被选择的颜色的色相、明度和饱和度。选择“图像”→“调整”→“替换色彩”命令，弹出如图3-47所示的对话框。效果如图3-48、图3-49所示。

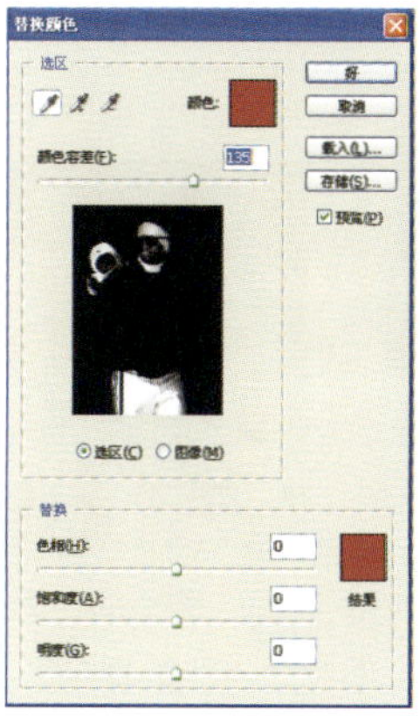

图3-47 “替换颜色”对话框

图3-48 原图

图3-49 替换颜色效果图

3.3.13 可选颜色

“可选颜色”命令是一种颜色校正技术，此技术也被高端扫描仪和分色软件所采用。它通过在图像中每个加色和减色的原色分量中增加和减少印刷色用量来改变图像，且保证在调整的同时不会影响其他任何颜色。选择“图像”→“调整”→“可选色彩”命令，弹出如图3-50所示的对话框。效果如图3-51、图3-52所示。

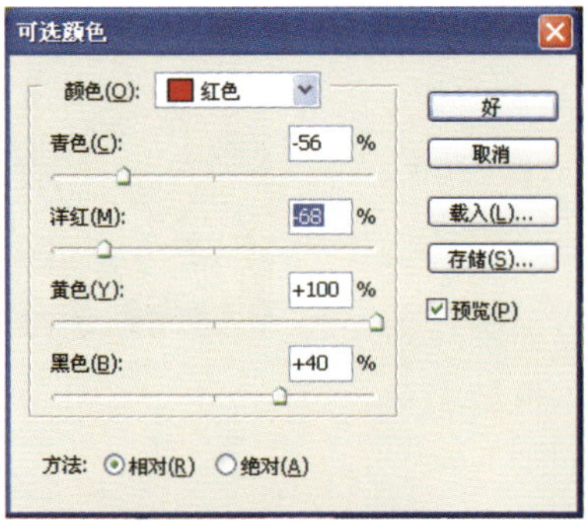

图3-50 “可选颜色”对话框

图3-51 原图

图3-52 效果图

3.3.14 通道混合器

“通道混合器”命令是通过调配不同通道所占比例来生成高质量的灰度图像和单色图像。当未选择“单色”复选框时，它还可以调整色彩。选择“图像”→“调整”→“通道混合器”命令，弹出如图3-53所示的对话框。效果如图3-54、图3-55所示。

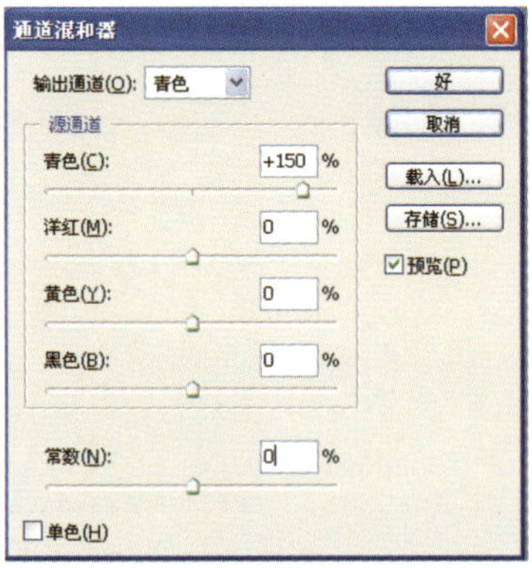

图3-53 “通道混合器”对话框

图3-54 原图

图3-55 效果图

3.3.15 渐变映射

“渐变映射”命令可将图像的灰度范围映射到指定的区域渐变填充。选择“图像”→“调整”→“渐变映射”命令，弹出如图3-56所示的对话框。效果如图3-57、图3-58所示。

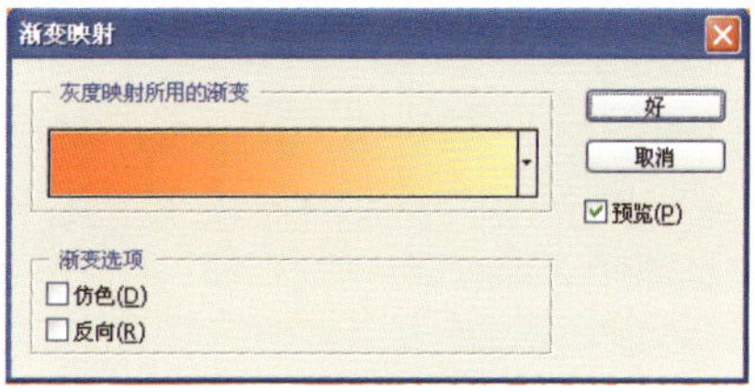

图3-56 “渐变映射”对话框

图3-57 原图

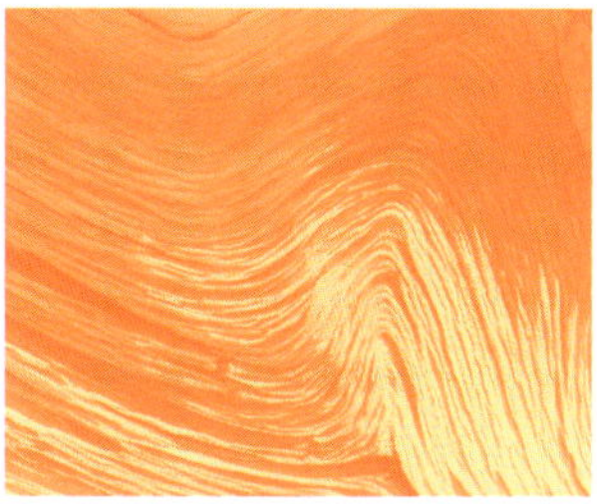

图3-58 效果图

3.3.16 照片滤镜

“照片滤镜”命令可以模拟在照相机镜头前添加有色滤镜的成像效果，这会影响图像的色彩平衡和色温。选择“图像”→“调整”→“照片滤镜”命令，弹出如图3-59所示的对话框。效果如图3-60、图3-61所示。

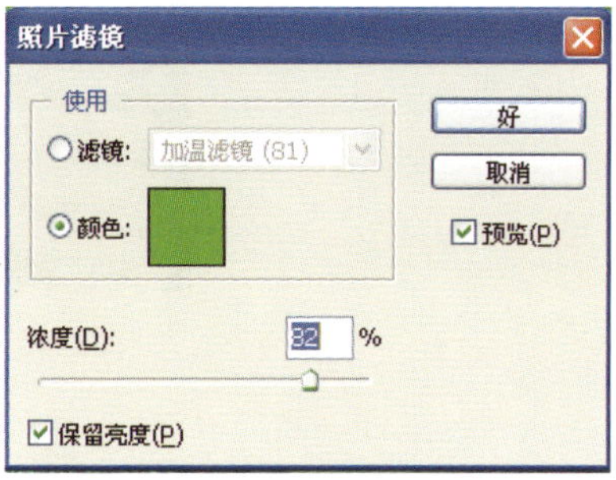

图3-59 “照片滤镜”对话框

图3-60 原图

图3-61 效果图

3.3.17 暗调/高光

“暗调/高光”命令可以处理图像中过暗或过亮的部分，并尽量恢复其中的细节，该命令的对话框如图3-62所示。效果如图3-63、图3-64所示。

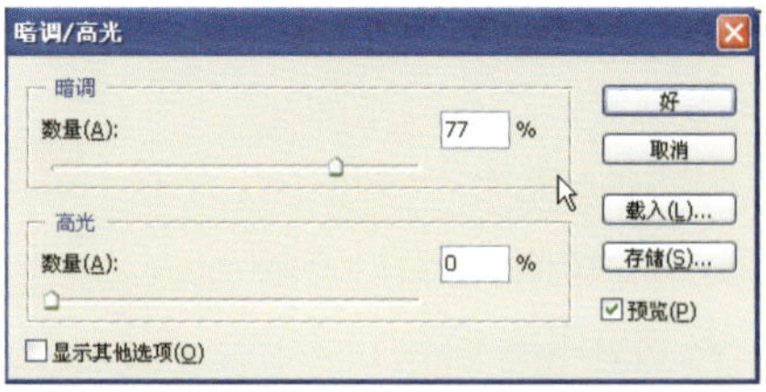

图3-62 “暗调/高光”对话框

图3-63 原图

图3-64 效果图

3.3.18 反相

“暗调/高光”命令可以将正片黑白图像变成负片或将彩色图像转换为原来颜色的互补色。效果如图3-65、图3-66、图3-67、图3-68所示。

图3-65 原图

图3-66 效果图

图3-67 原图

图3-68 效果图

3.3.19 色调均化

“色调均化”命令可以重新分配图像中各像素的亮度值。它可以将图像中最亮的像素转换为白色，将图像中最暗的像素转换为黑色，其余的像素也相应地进行调整。效果如图3-69、图3-70所示。

图3-69 原图

图3-70 效果图

3.3.20 阈值

“阈值”命令可以将一个灰度或彩色图像转换为高对比度的黑白图像。选择“图像”→“调整”→“阈值”命令，弹出如图3-71所示的对话框。效果如图3-72、图3-73所示。

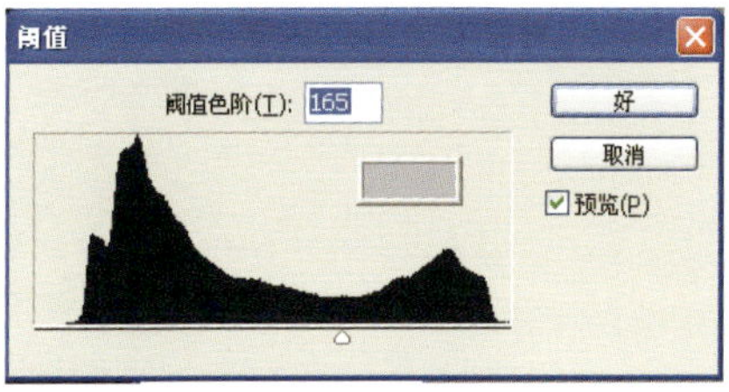

图3-71 “阈值”对话框

图3-72 原图

图3-73 效果图

3.3.21 色调分离

“色调分离”命令可以指定图像的色调级数，并按此级数将图像的像素映射为最接近的颜色，其对话框及效果如图3-74、图3-75、图3-76所示。

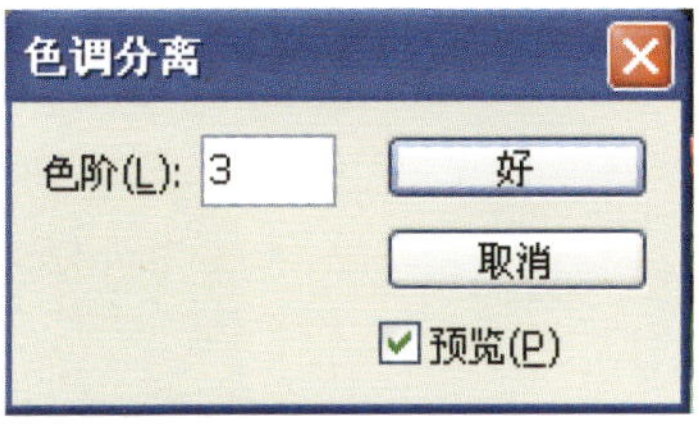

图3-74 “色调分离”对话框

图3-75 原图

图3-76 效果图

3.4 实例

3.4.1 图像偏色纠正

图3-77 原图

图3-78 效果图

步骤1:

打开如图3-79所示图像。

图3-79

步骤2:

执行“图像”→“调整”→“色阶”，选择蓝色通道，调整输入色阶数值，暗部为106，中间色为0.35，亮部不变，如图3-80所示。

图3-80

步骤3:

在色阶面板中选择红色通道，调整输入色阶数值，暗部不变，中间色为1.35，亮部为206，如图3-81所示。

图3-81

步骤4:

在色阶面板中选择RGB通道，调整输入色阶数值，暗部不变，中间色为1.25，亮部为220，如图3-82所示，最后执行确定。

图3-82

步骤5:

执行“图像”→“调整”→“色阶”，选择蓝色通道，调整输入色阶数值，暗部为30，中间色为0.96，亮部不变，如图3-83所示。

图3-83

步骤6:

用套索工具框选头部，点击右键执行羽化，羽化设置为10像素，如图3-84所示。

图3-84

步骤7:

执行“图像”→“调整”→“色相/饱和度”，调整饱和度为-50，明度为25，如图3-85所示。

图3-85

步骤8:

执行“图像”→“调整”→“色阶”，选择绿色通道，调整输入色阶数值，暗部为10，中间色为0.80，亮部不变，如图3-86所示，执行确定并取消选择。

图3-86

步骤9:

用套索工具框选手和胸部，点击右键执行羽化，羽化设置为5像素，如图3-87所示。

图3-87

步骤10:

执行"图像"→"调整"→"色阶",选择绿色通道,调整输入色阶数值,暗部为38,中间色为1.00,亮部不变,如图3-88所示,执行确定并取消选择。

图3-88

步骤11:

执行"图像"→"调整"→"曲线",点击中间并将弧线调为如图3-89所示效果。

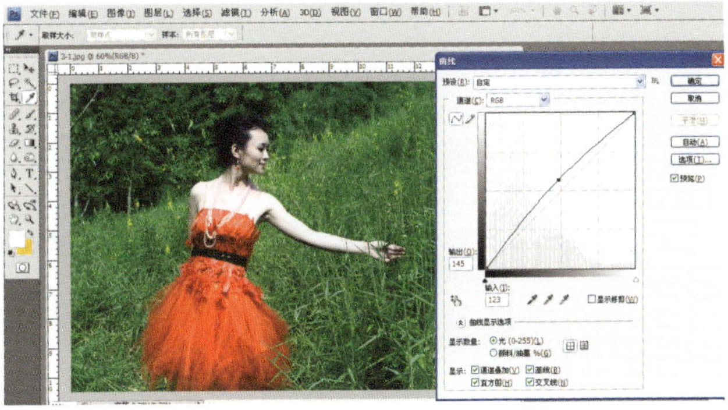

图3-89

步骤12:

最终完成效果,如图3-90所示。

图3-90

3.4.2 婚纱照片调色

图3-91 原图

图3-92 效果图

步骤1:

打开婚纱照片图像，如图3-93所示。

图3-93

步骤2:

选择磁性套索工具将人物框选出来，如图3-94所示，要框选得准确。

图3-94

步骤3:

执行“图层”→“新建”→“通过拷贝的图层”，或按Ctrl+J键，将人物拷贝多个图层，如图3-95所示。

图3-95

步骤4:

关闭图层1的眼睛，选择背景层，执行“图像”→“调整”→“色相/饱和度”，饱和度数值设置为50，其他不变，如图3-96所示。

图3-96

步骤5:

用套索工具选择图像下半部分的湖面和山部分，在框选范围内点击右键执行羽化，设置羽化值为150像素，如图3-97所示。

图3-97

步骤6:

执行“图像”→“调整”→“色阶”，调整输入色阶数值，暗部为15，中间色为1.30，亮部为210，按“确定”，如图3-98所示。

图3-98

步骤7:

执行“选择”→“反向”，如图3-99所示。

图3-99

步骤8:

执行“图像”→“调整”→“色阶”，调整输入色阶数值，暗部为76，中间色为1.28，亮部为247，按“确定”，如图3-100所示。

图3-100

步骤9:

点亮图层1的眼睛，将图层1进行复制得到图层1副本，如图3-101所示。

图3-101

步骤10:

在图层面板上将图层1副本的图层模式设置为“滤色”，不透明度设置为70%，如图3-102所示。

图3-102

步骤11:

将图层1和图层1副本进行合并，如图3-103所示。

图3-103

步骤12:

执行“图像”→“调整”→“色相/饱和度”，饱和度数值设置为40，其他不变，如图3-104所示。

图3-104

步骤13:

最终完成效果，如图3-105所示。

图3-105

3.5 练习

1. 选择题

（1）自动对比度命令的功能是什么？（　）

A. 对图像中不正常的高光或阴影区域进行初步处理

B. 让系统自动地调整图像亮度和暗度的对比度

C. 自动地完成颜色校正

D. 以上都不对

（2）可以将黑白图像变成彩色图像的命令是什么？（　）

A. 色彩平衡　　　　B. 亮度/对比度

C. 色相/饱和度　　　D. 可选颜色

（3）如果一个图像的色调太暗，需要提升它的亮度，可以使用哪个命令的功能进行调整？（　）

A. 曲线　　B. 变化　　C. 替换颜色　　D. 以上都可以

（4）色阶命令主要调整图像的哪个方面？（　）

A. 明暗度　　B. 色相　　C. 对比度　　D. 以上都对

2. 问答题

（1）利用填充命令可以使用哪几种填充功能？

（2）曲线的功能是什么？

（3）替换颜色的作用是什么？

3. 操作题

（1）自找一幅彩色图像，将它变成旧图像效果。

（2）使用本章所学的调整色彩功能，将图3-106调整成如图3-107所示的效果。

图3-106

图3-107

第4章 Photoshop绘图与修图

Photoshop提供了极为丰富的绘图与修图功能，如画笔、铅笔、修复画笔、仿制图章、橡皮擦等工具，利用它们可以绘制出大量的优秀插画及CG作品。通过本章的学习，可以掌握这些绘图与修图工具的应用，并熟练运用它们来完成对图像的各种编辑和修饰。

4.1 绘图工具

4.1.1 画笔、铅笔、喷枪工具

1. 画笔工具

可以绘制出比较柔和的线条，其效果如同毛笔画出的线条。要使用画笔工具绘制图像，首先在工具箱中选择画笔工具，如图4-1所示，将鼠标指针移至绘画区便可以开始绘画。如图4-2所示，在画笔工具栏中可以设置不透明度、颜色混合模式和流量选项。图4-3是利用画笔工具任意选择不同画笔绘制出来的效果。

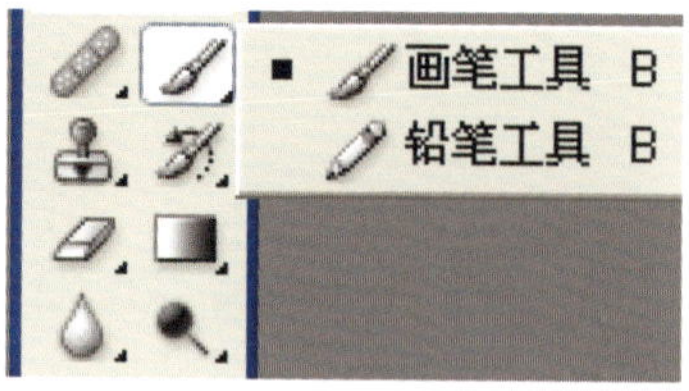

图4-1

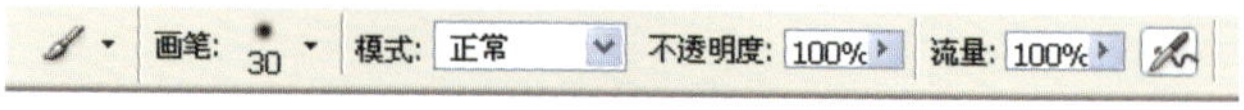

图4-2

图4-3

2. 铅笔工具

可以创建硬边线条，其使用方法与画笔工具类似，不同之处是铅笔均为硬边，且选项栏有一个“自动抹掉”选项，如图4-4所示，选中它可以将铅笔作为橡皮擦来使用。利用铅笔绘制的图形效果，如图4-5所示。

图4-4

图4-5

3. 喷枪工具

在选项栏选择位于流量控制右边的“喷枪”按钮，就启动了喷枪，如图4-6所示。喷枪采用的是一种随着停留时间增长，逐渐增加色彩浓度的画笔方式。选择一个30像素的画笔，硬度为0%，不透明度和流量都为100%。喷枪方式开启后，在图像左侧单击一下，然后在图像右侧按住鼠标不放约2秒，会形成类似如图4-7所示的图像。

图4-6

图4-7

4.1.2 了解“画笔”调板

选择画笔工具，工具栏上将显示画笔工具参数设置，在工具栏右侧单击画笔标签或按F5键，可以打开一个“画笔”调板，如图4-8所示。

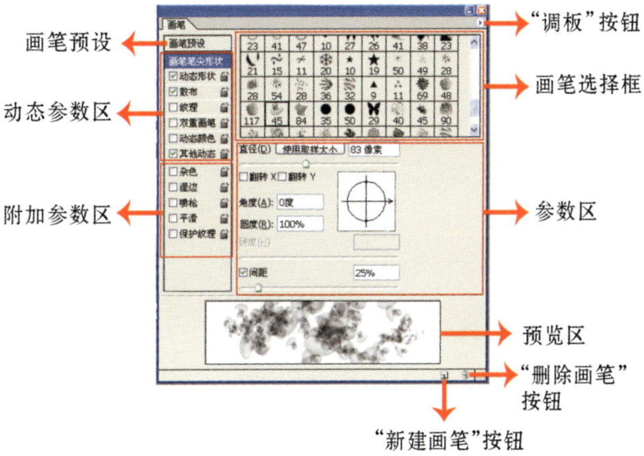

图4-8 “画笔”调板

下面对“画笔”调板中各区域的作用进行简单的介绍：

1. 画笔预设

单击“画笔预设”选项，可以在调板右侧的“画笔形状列表框”中单击选择所需要的画笔形状。

2. 动态参数区

在该区域可以设置动态参数的选项，其中包含“画笔笔尖形状”“动态形状”“散布”“纹理”“双重画笔”“动态颜色”和“其他动态”七个选项。

3. 附加参数区

在该区域的选项中可以为画笔增加杂色及湿边等效果。

4. 预览区

该区可以看到根据当前的画笔属性而生成的预览图。

5. 画笔选择框

该区域在选择“画笔笔尖形状”选项时出现，在该区域中可以选择要用于绘图的画笔。

6. 参数区

该区域中列出了与当前所选的动态相对应的参数。在选择不同的动态时，该区域所列的参数也不相同。

7. “新建画笔”按钮

单击该按钮，在弹出的对话框中单击“确定”按钮，则可按当前所选画笔的参数创建一个新画笔。

8. “删除画笔”按钮

单击该按钮，在弹出的对话框中单击“确定”按钮即可将该画笔删除。

9. “调板”按钮

单击“画笔”调板右上角的三角形按钮，弹出右侧的“画笔”调板下拉菜单，在下拉菜单中可以设置“画笔形状列表框”中画笔的显示方式，并能够调出预设的画笔类型。

图4-9为在“画笔”调板中选择不同的画笔绘制出的效果图。

图4-9

4.2 常用修图工具

4.2.1 仿制图章、图案图章工具

如图4-10所示的是仿制图章工具与图案图章工具，下面分别对它们的功能进行介绍。

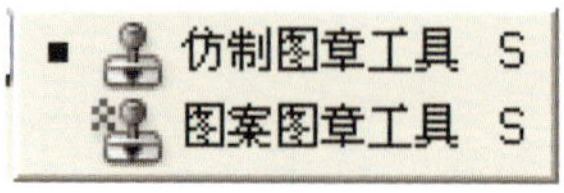

图4-10

1. 仿制图章工具

可以用于复制局部的图像，通常用于复制原图像的部分细节以弥补图像在局部显示的不足之处，使图像

整体感更丰富。效果如图4-11、图4-12所示。

图4-11 原图

图4-12 效果图

在使用仿制图章工具进行复制时，图像参考点位置将显示一个十字准心，而在操作处将显示代表画笔大小的空心圆。在选项栏中选择“对齐”，无论对绘画停止和继续过多少次，都可以重新使用最新的取样点。当“对齐”处于取消选择状态时，将在每次绘画时重新使用同一个样本像素。

2. 图案图章工具

可以利用图案进行绘画。可从图案库中选择图案或者自己创建图案。效果如图4-13、图4-14所示。

图4-13 原图

图4-14 效果图

4.2.2 修复画笔、修补工具

如图4-15所示的是修复画笔工具与修补工具，下面分别对它们的功能进行介绍。

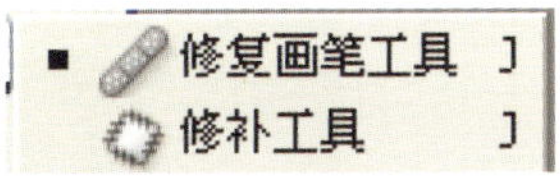

图4-15

1. 修复画笔工具

可用于修复图像中的皱纹或斑点等，此工具可以将一幅图像的全部或部分连续复制到同一幅或另外一幅图像中，并且产生与被复制图像的原底色互为补色的图案，与仿制工具一样。修复画笔工具还可将样本像素的纹理、光照、透明度和阴影与源像素进行匹配，从而使修复后的像素不留痕迹地融入图像。如图4-16、图4-17所示的是眼部皱纹修复前后的

图4-16 原图

图4-17 效果图

对比效果。

2. 修补工具

可以清除图像中的大块杂物。其原理与修复画笔工具是一样的，只是使用方法有所区别，其选项栏如图4-18所示。修补工具的操作是基于区域的，因此要先选择好一个区域，确保其选择为“源”，而“透明”选项为开，然后如图4-19所示创建一个选区。选区完成后，从选区内开始拖动鼠标，在图像中寻找要复制到该选区的图像，拖动的时候可以在原先的选区中看到复制后的效果，如图4-20所示。完成后效果如图4-21所示。

图4-18

图4-19　创建选区

图4-20　选择“源”

图4-21　效果图

4.2.3　历史记录画笔工具、历史记录艺术画笔

如图4-22所示的是历史记录画笔工具与历史记录艺术画笔，下面分别对它们的功能进行介绍。

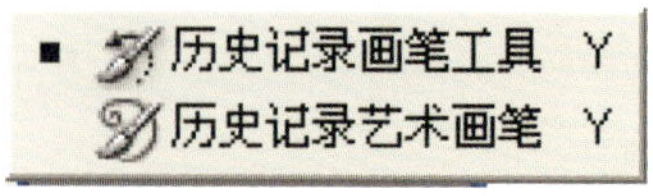

图4-22

1. 历史记录画笔工具

可以完成恢复图像的操作。效果如图4-23、4-24所示。

图4-23　原图

图4-24　效果图

2. 历史记录艺术画笔

以风格化描边进行绘画。通过尝试使用不同的绘画样式、大小和容差选项，可以用不同的色彩和艺术风格模拟绘画的纹理。效果如图4-25、4-26所示。

图4-25　原图

图4-26　效果图

4.2.4 橡皮擦、背景色橡皮擦、魔术橡皮擦工具

如图4-27所示的是橡皮擦工具、背景色橡皮擦工具和魔术橡皮擦工具，下面分别对它们的功能进行介绍。

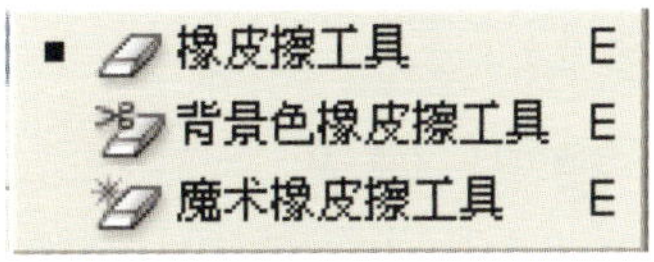

图4-27

1. 橡皮擦工具

它就是用来擦除像素的，擦除后的区域为背景色。其选项栏如图4-28所示，在模式中可以选择以画笔或铅笔进行擦除，两者的区别在于画笔的边缘柔和带有羽化效果，铅笔则没有。此外还可以选择以一个固定的方块形状来擦除。不透明度、流量以及喷枪方式都会影响擦除的“力度”，较小力度（不透明度与流量较低）的擦除会留下半透明的像素。“抹到历史记录”选项的效果同历史记录画笔工具一样。

图4-28

2. 背景色橡皮擦工具

它与橡皮擦工具相同，也是抹除像素，可直接在背景层上使用，使用后背景层将自动转换为普通图层，抹除的像素变为透明区域。

3. 魔术橡皮擦工具

它与背景色橡皮擦类似，也是将像素抹除以得到透明区域，只是两者的操作方法不同。背景色橡皮擦工具采用了类似画笔的绘制(涂抹)型操作方式。而魔术橡皮擦则是区域型(即一次单击就可针对一片区域)的操作方式。

图4-30、图4-31、图4-32分别为使用以上三种橡皮擦工具得到的效果图。

图4-29 原图

图4-30 使用橡皮擦工具后的效果图

图4-31 使用背景色橡皮擦工具后的效果图

图4-32 使用魔术橡皮擦工具后的效果图

4.3 其他修图工具

4.3.1 模糊、锐化、涂抹工具

如图4-33所示的是模糊工具、锐化工具和涂抹工具，下面分别对它们的功能进行介绍。

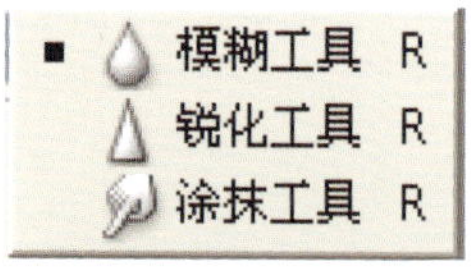

图4-33

1. 模糊工具

它是将涂抹的区域变得模糊的工具。将画面中其余部分做模糊处理，可以凸显主体。如图4-34所示，将后方物件使用模糊工具涂抹，得到如图4-35所示的效果。注意模糊工具的操作类似于喷枪的可持续作用，也就是说鼠标在一个地方停留时间越久，这个地方被模糊的程度就越大。

图4-34 原图

图4-35 模糊效果图

2. 锐化工具

锐化工具的作用和模糊工具正好相反，是将画面中模糊的部分变得清晰。但过度使用会造成如图4-37所示的色斑，因此在使用过程中应小心。

图4-36 原图

图4-37 锐化效果图

3. 涂抹工具

它的效果就好像在一幅未干的油画上用手指划抹一样，效果如图4-38、图4-39所示。

图4-38 原图

图4-39 涂抹效果图

4.3.2 减淡、加深、海绵工具

如图4-40所示的是减淡工具、加深工具和海绵工具，下面分别对它们的功能进行介绍。

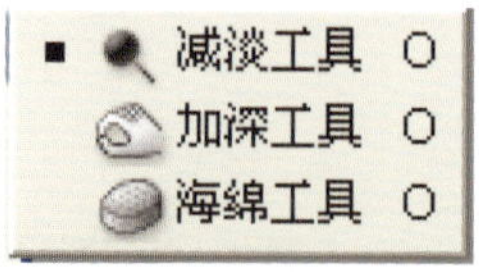

图4-40

1. 减淡工具

它的作用是局部加亮图像。可选择为高光、中间调或暗调区域加亮。效果如图4-41、图4-42所示。

图4-41 原图

图4-42 减淡效果图

2. 加深工具

它与减淡工具相反，是将图像局部变暗。效果如图4-43、图4-44所示。

3. 海绵工具

它的作用是改变局部的色彩饱和度，可选择减少饱和度(去色)或增加饱和度(加色)。效果如图4-45、图4-46所示。

图4-43 原图

图4-44 加深效果图

图4-45 去色效果图

图4-46 加色效果图

4.4 自定义画笔

Photoshop提供了很多类型和大小的画笔，但在实际应用中这些并不能满足需要，所以，可创建新画笔进行图形绘制。其操作方法非常简单，只要在选区中将要定义为画笔的区域选中，执行“编辑”→“定义画笔预设”，便可将任意一种图像定义为画笔。如图4-47、图4-48所示，利用自定义画笔功能，在女人的额头上绘制一个红色的眼睛。

图4-47

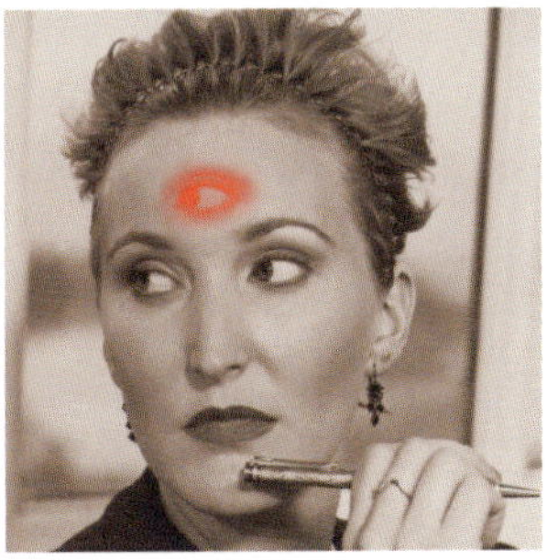

图4-48

4.5 自定义图案

图案是在应用过程中被重复或拼贴的图像。在Photoshop中，可以创建新图案并存储在库中，供不同的工具和命令使用。其操作方法非常简单，只要在选区中将要定义为画案的区域选中，执行“编辑”菜单→“定义图案”，再执行“编辑”→“填充”，在弹出的对话框中选择“图案”，便可完成如图4-49、图4-50所示的效果。

图4-49

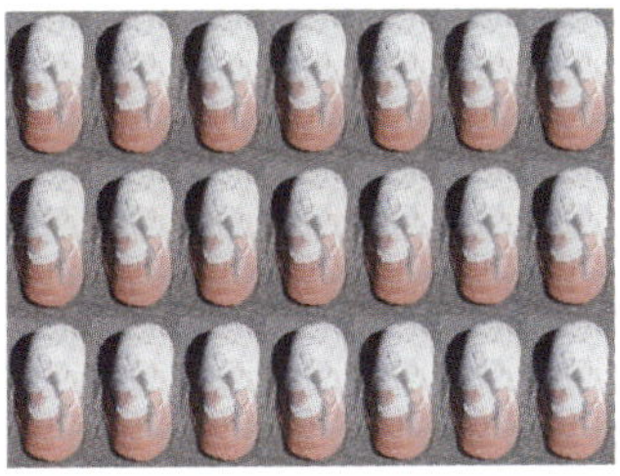

图4-50

4.6 实例

4.6.1 给图像上色

效果如图4-51、图4-52所示。

图4-51 原图

图4-52 效果图

步骤1:

打开图4-51，执行“图像”→“模式”→“RGB颜色”。

步骤2:

用套索工具框选头发部分，如图4-53所示。

图4-53

步骤3:

执行“选择”→“羽化”，设置羽化半径，如图4-54所示。

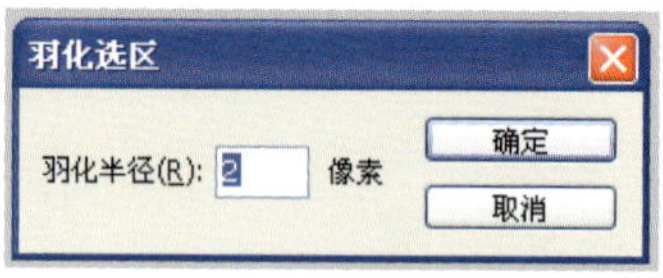

图4-54

步骤4:

执行“编辑”→“定义画笔预设”，设置名称如图4-55所示。接着取消选择（快捷键为Ctrl+D）。

图4-55

步骤5:

选择画笔工具，选择刚才定义的“头发”画笔，设置前景色，如图4-56、图4-57所示。

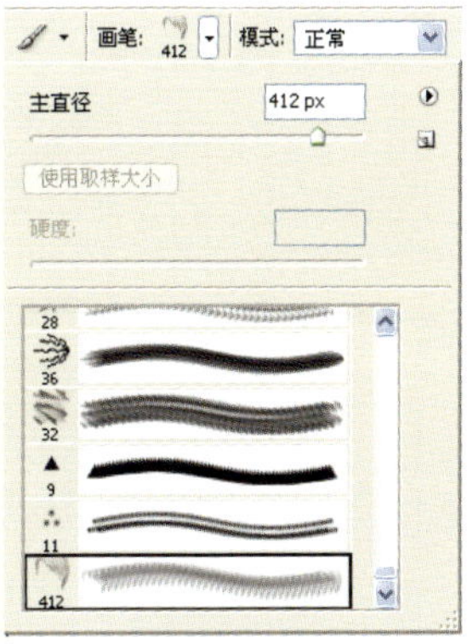

图4-56

图4-57

步骤6:

对准图像中的头发部分单击鼠标两次，得到如图4-58所示效果。

图4-58

步骤7:

给眼睛上色。选择画笔工具，笔画大小为27，前景色为蓝色，选项栏设置如图4-59所示，接着在图像中的眼珠部分单击鼠标，得到如图4-60所示效果。

图4-59

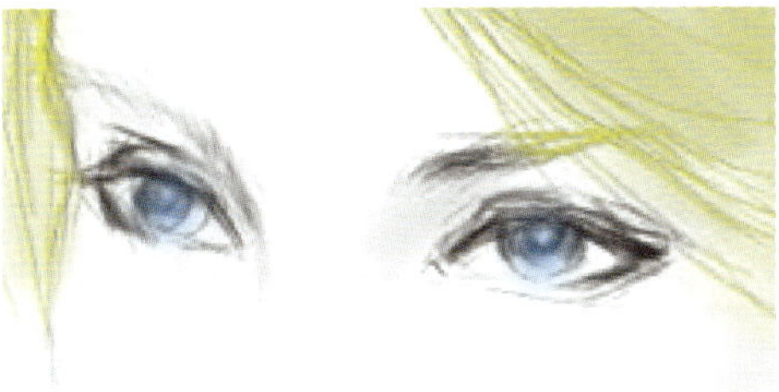

图4-60

步骤8:

给嘴唇上色。选择画笔工具，笔画大小为10，前景色为红色，选项栏设置如图4-61所示，接着在图像中的嘴唇部

图4-61

分绘画，得到如图4-62所示效果。

图4-62

步骤9:

给脸部上色。选择画笔工具，笔画大小为40，前景色为浅黄色，选项栏设置如图4-63所示，接着在图像中的脸部绘画，得到如图4-64所示效果。

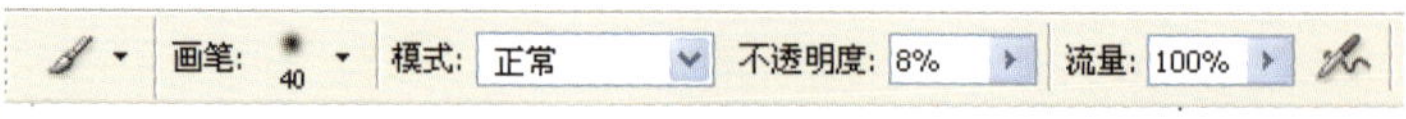

图4-63

图4-64

步骤10:

最终完成效果如图4-65所示。

图4-65

4.6.2 几何形效果

效果图如图4-66所示。

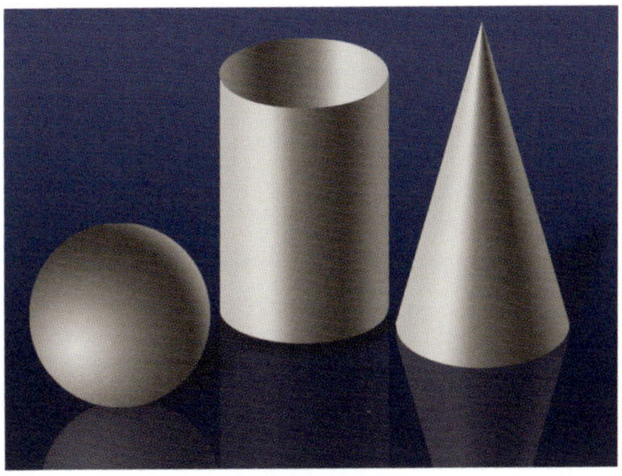

图4-66

步骤1:

建立大小800×600像素，分辨率200像素/英寸的文件，具体设置如图4-67所示。

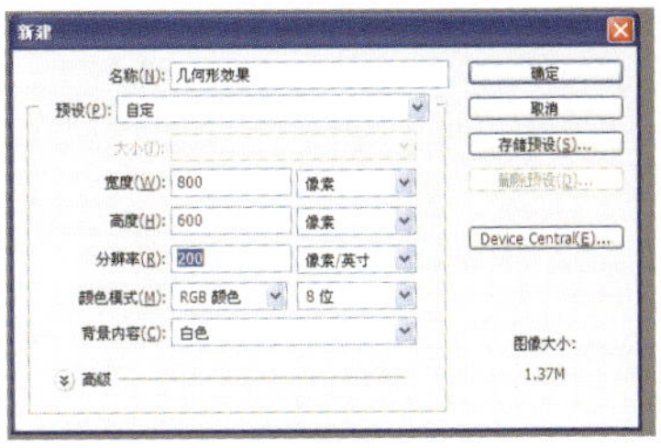

图4-67

步骤2:

将前景色设置为深蓝色，背景色设置为浅蓝色，选择渐变工具，如图4-68所示，选择渐变编辑器中第一个前景色到背景色渐变色彩。

图4-68

步骤3:

用线性渐变工具，从下向上拖动鼠标填充渐变色，如图4-69所示。

图4-69

步骤4:

新建立一个图层，用椭圆选框工具并同时按Shift键绘制一正圆形，如图4-70所示。

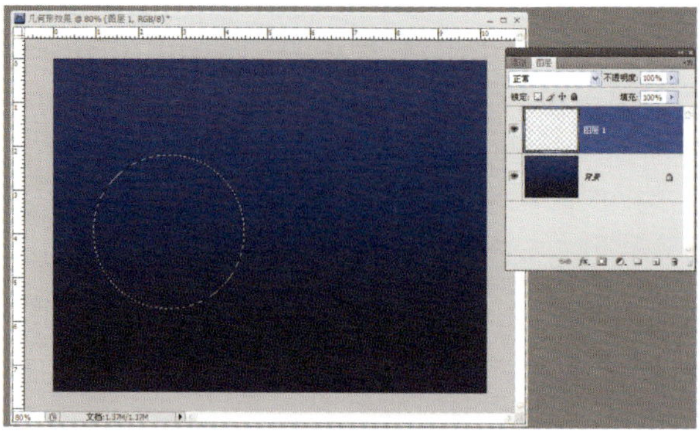

图4-70

步骤5:

设置渐变。圆的渐变至少有三种色调：高光、明暗交界线、反光，如图4-71所示。

图4-71

步骤6:

用径向渐变工具，从左下角向右上角拖动鼠标填充渐变色，得到如图4-72所示效果，并取消选择。

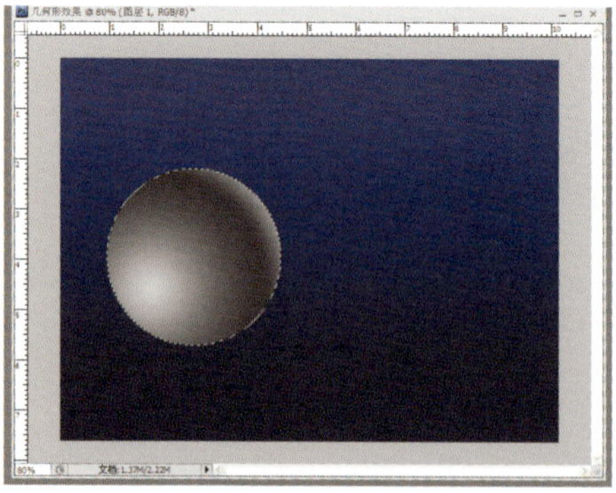

图4-72

步骤7:

建立新图层2，用矩形选框工具绘制一矩形选区，如图4-73所示。

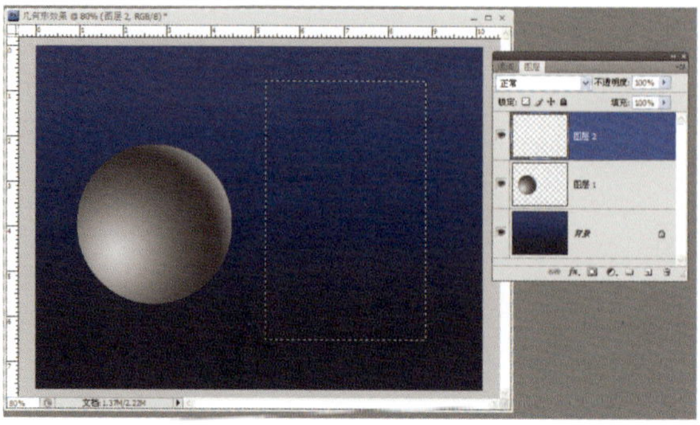

图4-73

步骤8:

设置渐变。圆柱的渐变至少有四种色调：高光、高面反光、暗部、暗部反光，如图4-74所示。

图4-74

步骤9:

用线性渐变工具，从左至右拖动鼠标填充渐变色，得到如图4-75所示效果，并取消选择。

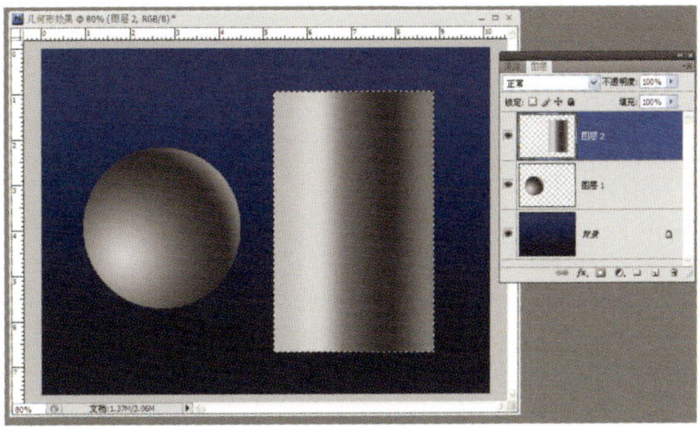

图4-75

步骤10:

绘制一椭圆选区，如图4-76所示。

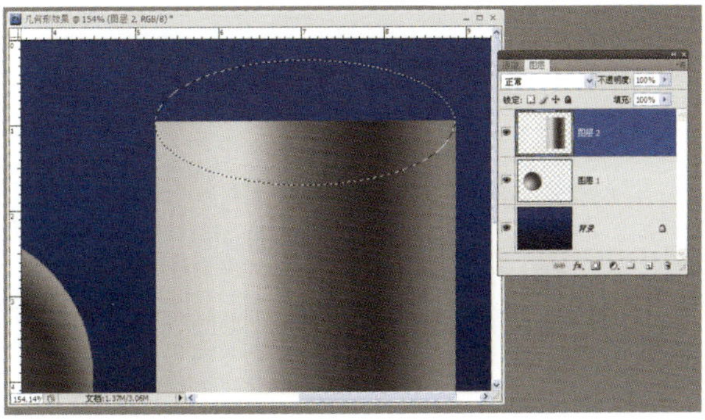

图4-76

步骤11:

用线性渐变工具，从右至左反向拖动鼠标填充渐变色，得到如图4-77所示效果。

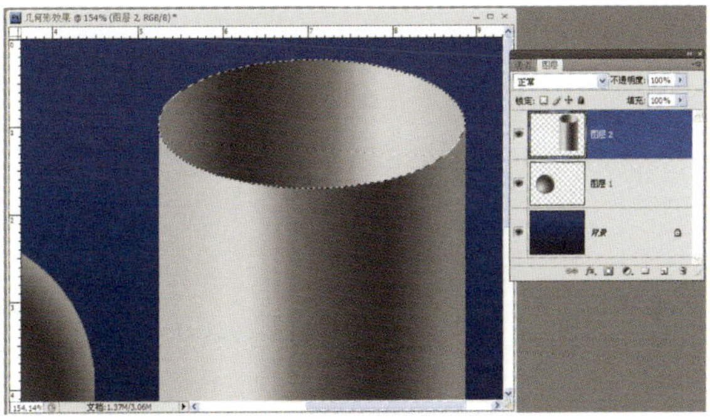

图4-77

步骤12:

在选择工具的状态下，将刚才绘制的椭圆选区，向下移动，移动时按住Shift键确保垂直，如图4-78所示。

图4-78

步骤13:

选择矩形选框工具，并按住Shift键进行加选，如图4-79所示。

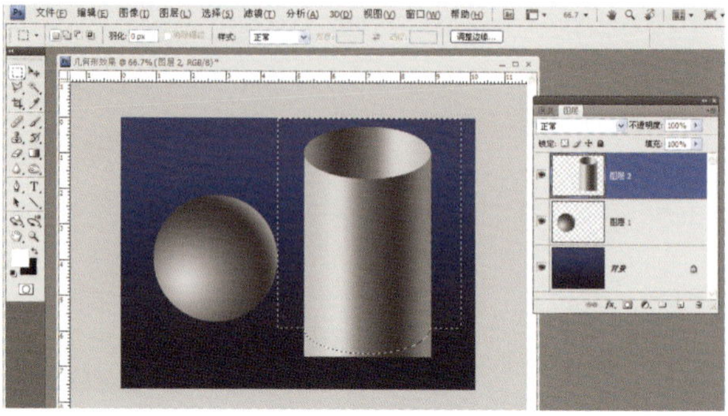

图4-79

步骤14:

执行反选，按Delete键删除多余的部分，并取消选择，如图4-80、图4-81所示。

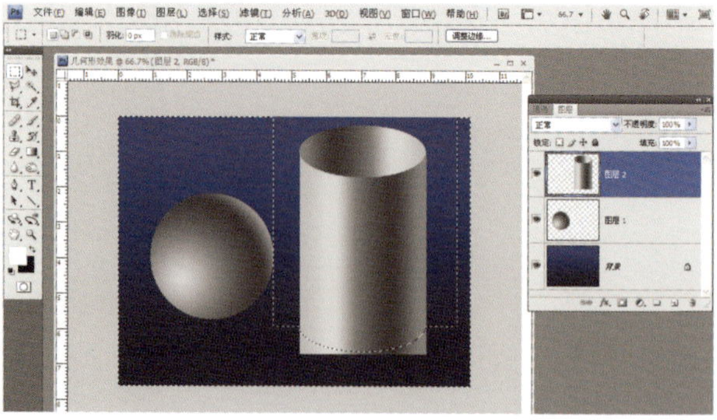

图4-80

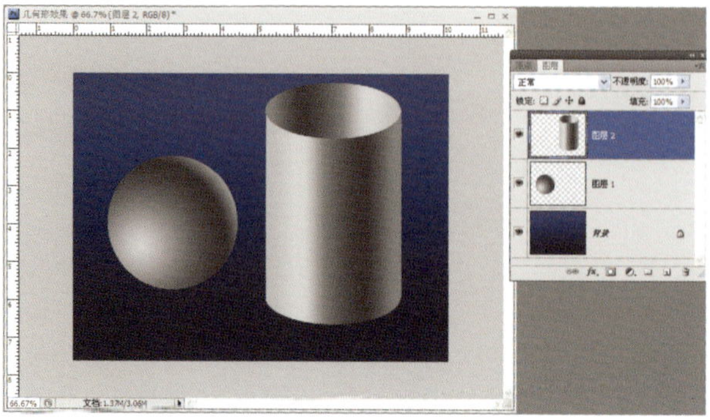

图4-81

步骤15:

在图层面板上关闭眼睛，暂时隐藏图层1和图层2，接着新建图层3，如图4-82所示。

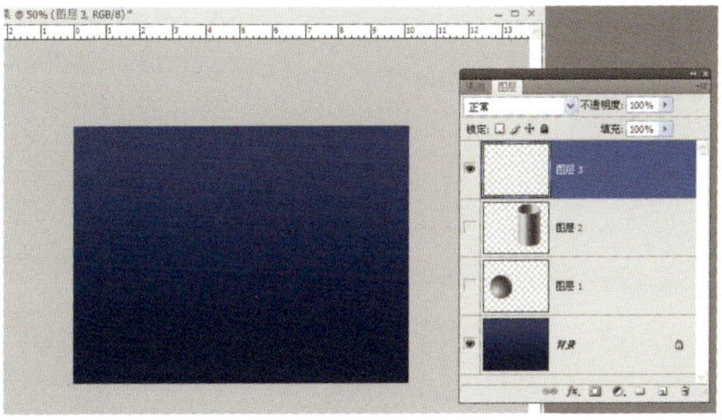

图4-82

步骤16:

用线性渐变工具，从左至右拖动鼠标填充渐变色，如图4-83所示。

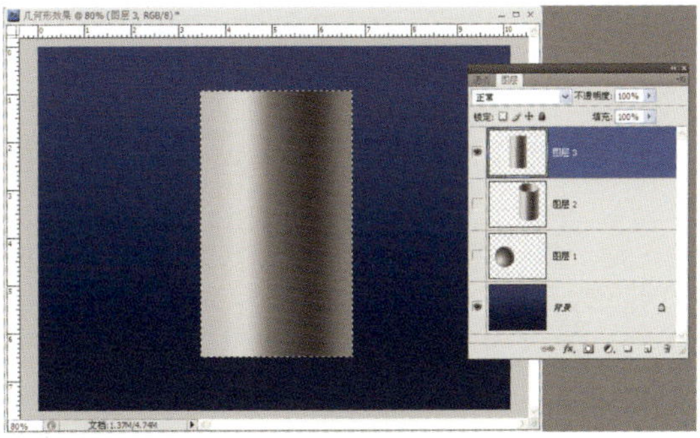

图4-83

步骤17:

执行“编辑”→“变换”→“透视”，将右上角或左上角的节点向中心点移动，并双击确定，接着取消选择，如图4-84、图4-85、图4-86所示。

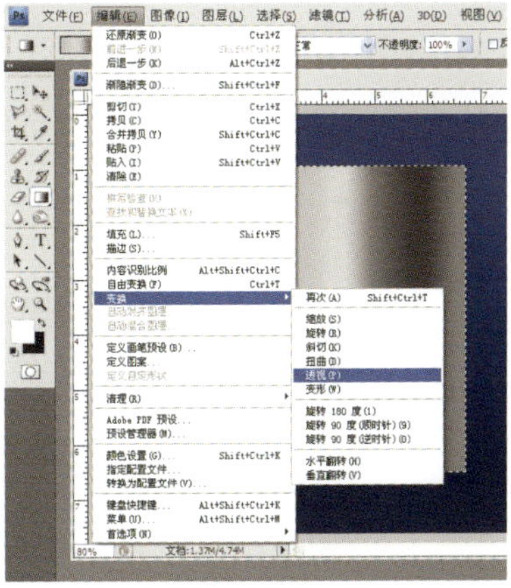

图4-84

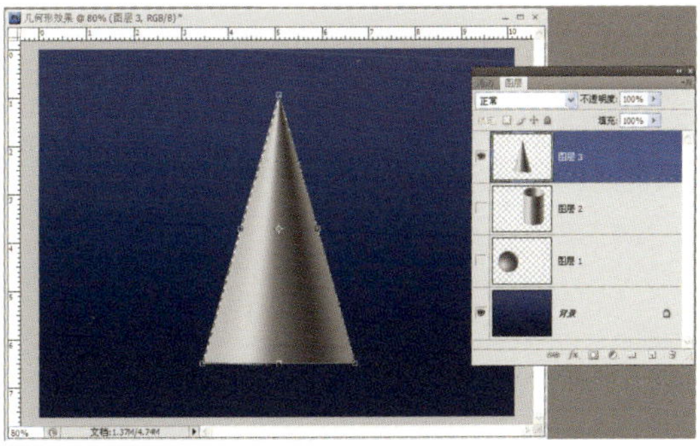

图4-85

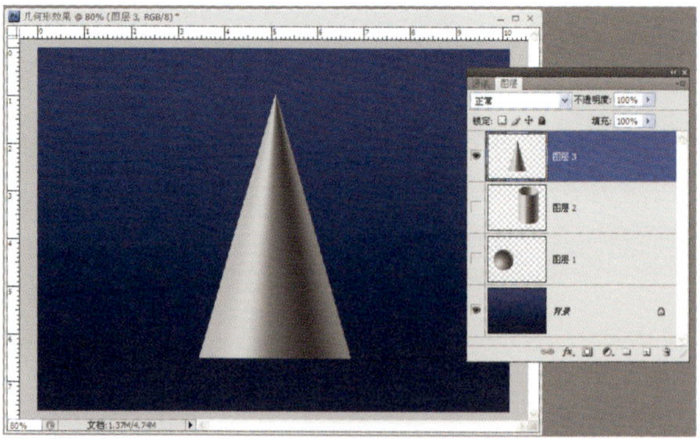

图4-86

步骤18:

在圆锥的底部绘制一椭圆选区，如图4-87所示。

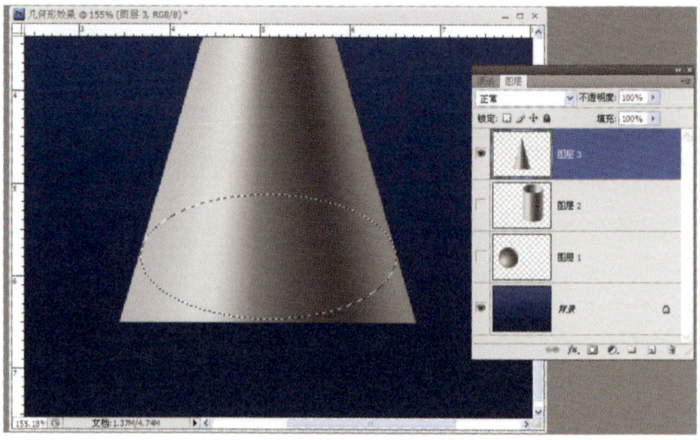

图4-87

步骤19:

选择矩形选框工具，并按住Shift键进行加选，接着再执行反选，按Delete键删除多余的部分，并取消选择，如图4-88、图4-89、图4-90所示。

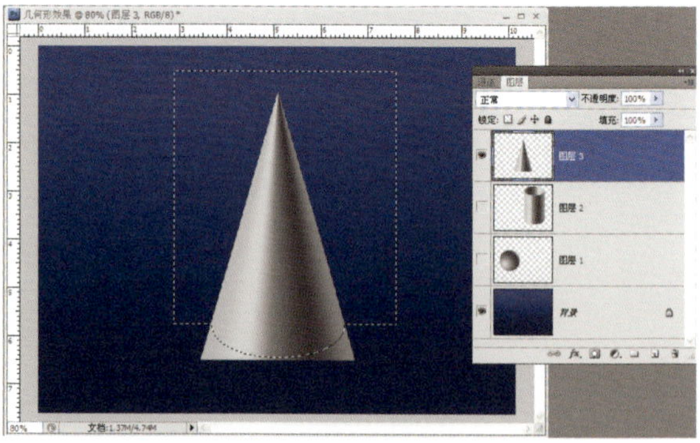

图4-88

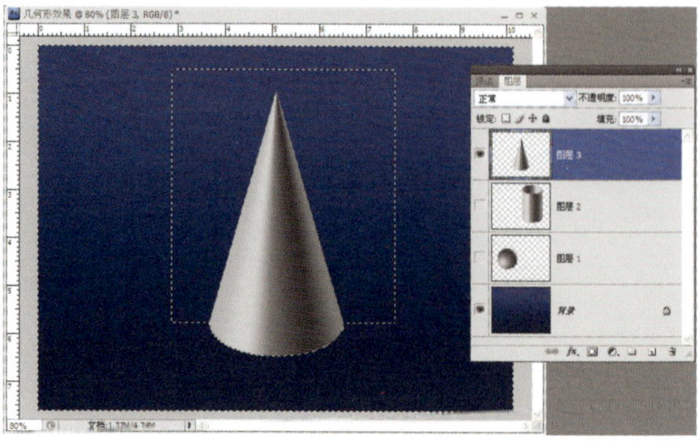

图4-89

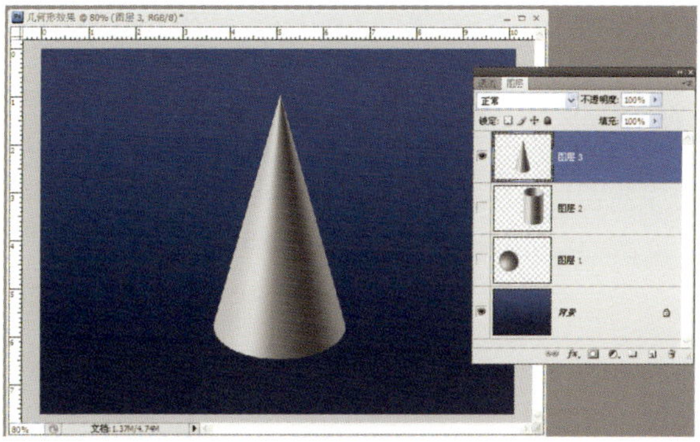

图4-90

步骤20:

在图层面板中点开图层1和图层2的眼睛，显示圆球和圆柱，将圆球、圆柱和圆锥三者调整好位置，如图4-91所示。

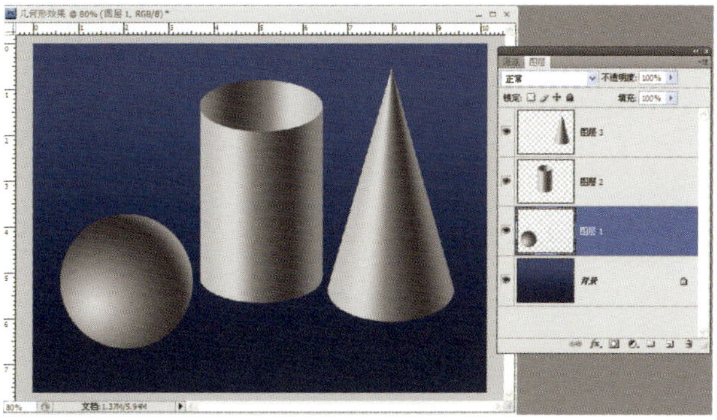

图4-91

步骤21:

制作右侧面的阴影。新建图层4，利用椭圆、多边形选框工具绘画阴影部分，并填充黑色，再将图层不透明度进行适当调整，如图4-92所示。

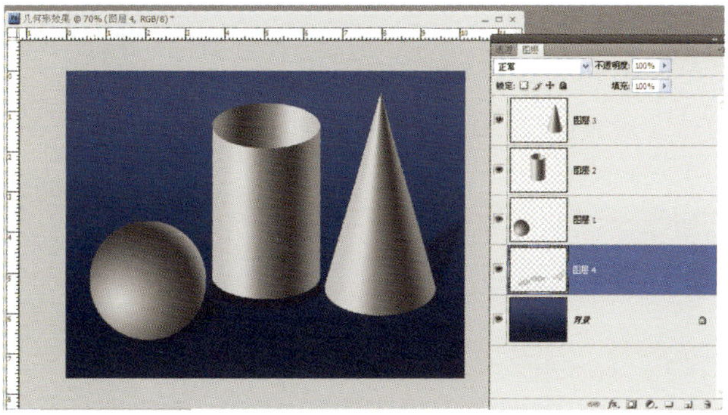

图4-92

步骤22:

圆球倒影制作。复制图层1得到图层1副本，执行“编辑”→“变换”→“垂直翻转”，接着选择移动工具将图层1副本移到左下角圆球的下方，并将图层面板不透明度调整为25%，如图4-93所示。

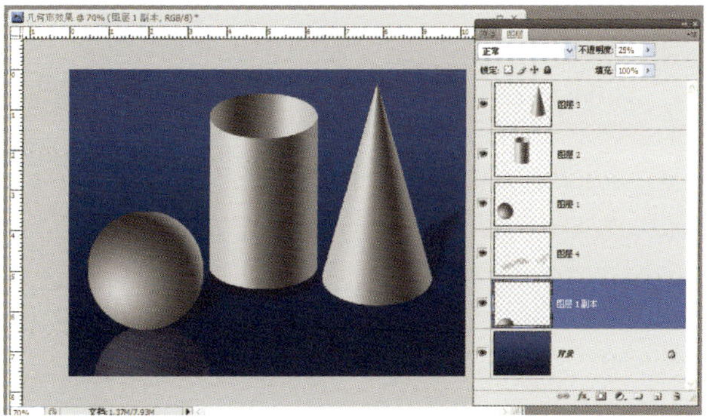

图4-93

步骤23:

按上面步骤，用同样的方法，制作圆柱和圆锥的倒影，如图4–94所示效果。

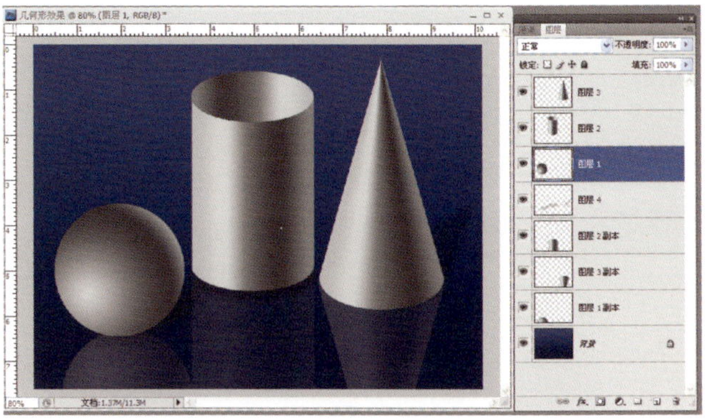

图4–94

步骤24:

最终完成效果，如图4–95所示。

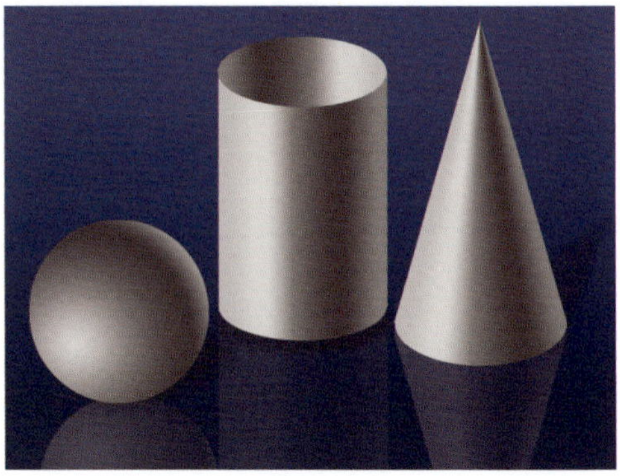

图4–95

4.6.3 企鹅绘制效果

效果图如图4–96所示。

图4–96

步骤1:

建立大小800×600像素，分辨率200像素/英寸的文件，具体设置如图4–97所示。

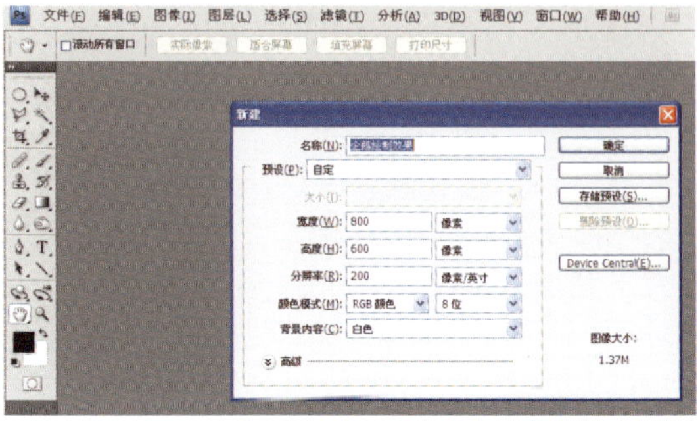

图4–97

步骤2:

将前景色设置为深绿色，背景色设置为浅绿色，选择渐变工具，如图4-98所示，选择渐变编辑器中第一个前景色到背景色渐变色彩。

图4-98

步骤3:

用线性渐变工具，从上向下拖动鼠标填充渐变色，如图4-99所示。

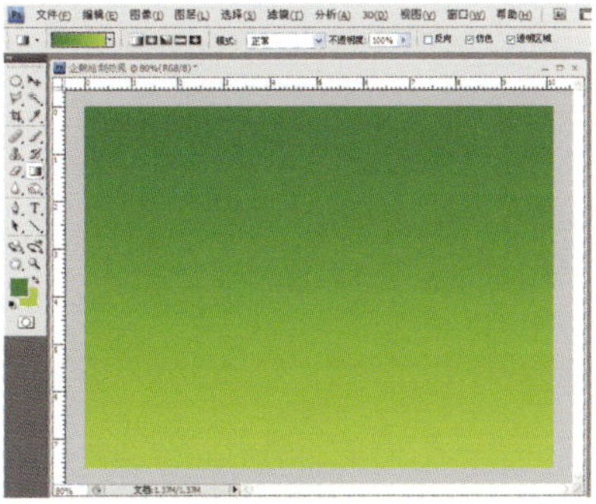

图4-99

步骤4:

新建立图层1，用椭圆选框工具绘制一个椭圆，如图4-100所示。

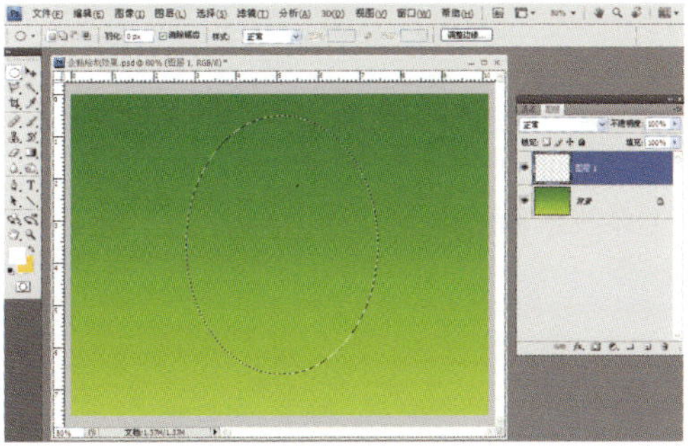

图4-100

步骤5:

用多边形套索工具并按住Shift键在椭圆的两侧加选两个三角形，作为企鹅的翅膀，如图4-101所示。

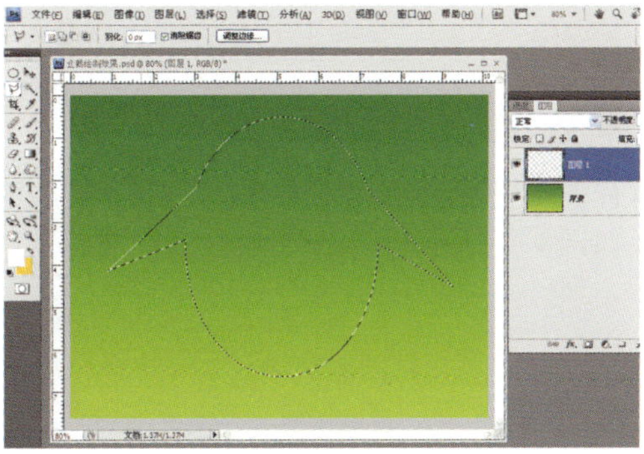

图4-101

步骤6:

将前景色设置为黑色，按住Alt+Delete键填充前景色，如图4-102所示。

图4-102

步骤7:

建立新图层2，在保留步骤6选择框的情况下，选用椭圆选框工具，左手按住Alt+Shift键，右手将鼠标从右下角往上拖拉，直到跟两侧翅膀交叉为止，减选出腹部选区，如图4-103所示。

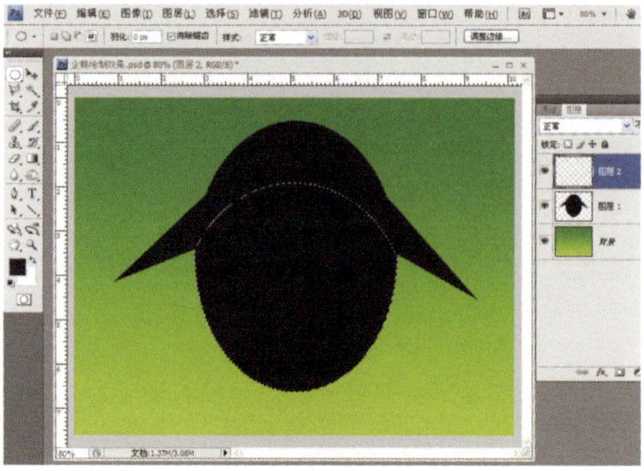

图4-103

步骤8:

设置渐变色。企鹅腹部的渐变至少有三种色调：高光、明暗交界线、反光，如图4-104所示。

图4-104

步骤9:

用径向渐变工具，从左上角向右下角拖动鼠标填充渐变色，如图4-105所示，并取消选择。

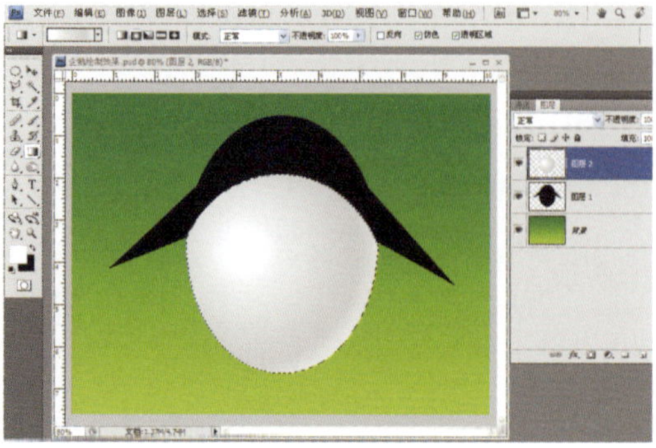

图4-105

步骤10:

新建图层3，用椭圆选框工具绘制一个椭圆选区，如图4-106所示。

图4-106

步骤11:

将前景色设置为白色，进入渐变编辑器中选择第2个渐变色——前景色到透明色，如图4-107所示。

图4-107

步骤12:

用线性渐变工具，从上向下拖动鼠标填充渐变色，如图4-108所示，并取消选择。

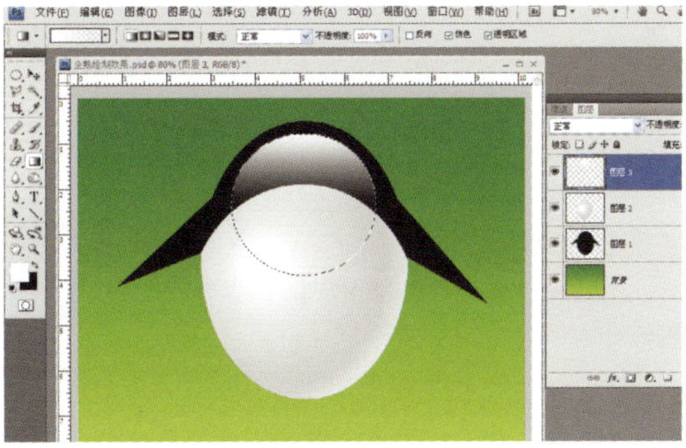

图4-108

步骤13:

绘制眼睛。新建图层4，用椭圆选框工具绘制左边白眼部分的椭圆，填充白色，并在上面绘制眼珠部分的小圆，填充渐变色，右边眼睛用同样方法绘制，如图4-109所示。

图4-109

步骤14:

绘制嘴和脚。新建图层5，用多边形套索工具在头部绘制一个小三角形，填充黄色。用椭圆选框工具在企鹅左下方画一个椭圆，填充渐变色，右边的脚也用同样的方法绘制，如图4-110、图4-111所示。

图4-110

图4-111

步骤15:

最终完成效果，如图4-112所示。

图4-112

4.7 练习

1. 选择题

（1）使用背景橡皮擦工具擦除图像后，其背景色将变为？（　）

A. 透明色　　B. 白色

C. 与当前所设的背景色颜色相同　　D. 以上都不对

（2）下面哪个工具不能设定不透明度？（　）

A. 铅笔工具　　B. 画笔工具

C. 橡皮擦工具　　D. 涂抹工具

（3）下面哪个工具用于调整图像饱和度？（　）

A. 涂抹工具　　B. 加深工具

C. 海绵工具　　D. 减淡工具

2. 问答题

（1）背景橡皮擦的作用是什么？魔术橡皮擦的作用是什么？两者区别是什么？

（2）涂抹工具的工作原理是什么？

（3）图章工具有哪几种类型？它们的功能是什么？

3. 操作题

（1）利用本章所学的绘图工具，把原图图4-113修饰成如图4-114所示的效果。

图4-113　原图

图4-114　效果图

（2）利用本章所学的修复工具，把原图图4-115、图4-117修饰成如图4-116、图4-118所示的效果。

图4-115 原图

图4-116 效果图

图4-117 原图

图4-118 效果图

第5章 Photoshop图层

图层是Photoshop图像处理的基础，使用图层可以简化复杂的图像处理操作，因为在创作的过程中经常要进行一些复杂图形图像的编辑、处理。通过本章的学习，可以了解图层基本功能、面板组成、图层的混合模式以及正确使用和管理图层样式。

5.1 了解图层

用Photoshop处理图像时，除了图像最底层的背景外，还可以在图像上添加多个图层。图层就像是由一层层的透明片堆叠起来的图像，从图层上没有图像的透明部分可以看到它下层的图像，可以在特定的图层上绘图、编辑，而不会影响图像上的其他图层。

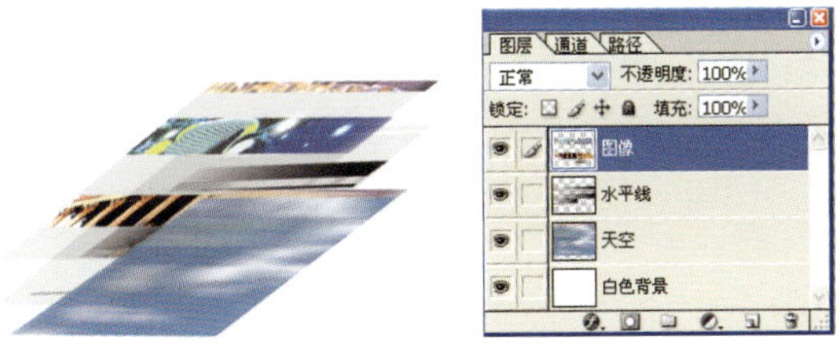

图5-1 图层分析图

可以把图层想象成一张一张叠起来的透明胶片，每张透明胶片上都有不同的画面，改变图层的顺序和属性可以改变图像的最后效果。通过对图层的操作，通过它的特殊功能可以创建很多复杂的图像效果。当多个没有图像的图层叠加在一起时，可以看到最下面的背景图层。

5.2 了解图层面板

图层面板上显示了图像中的所有图层、图层组和图层效果，可以使用图层面板上的各种功能来完成一些图像编辑任务，如创建、隐藏、复制和删除图层等，还可以通过图层样式改变图层上图像的效果，如添加阴影、外发光、浮雕等。另外还可以通过对图层的光线、色相、透明度等参数作修改来制作不同的效果。

图层面板中的各个选项的功能如下：

（1）设置图层的混合模式：单击该列表框可以打开一个下拉菜单，从中选择不同的色彩混合模式，来制作这一层图像与其他图层叠合在一起的效果。

（2）图层名称：每个图层都可以设置自己的名称，以便区分和管理。如果在建立新图层时没有命名，Photoshop会自动命名为图层1、图层2……

（3）不透明度：用于设置图层的不透明度，经常用于多图层混合效果的制作。

（4）当前作用层：在面板中，某个图层被选中后会以深蓝色显示以区别于其他图层，这个图层就被称为当前作用层。

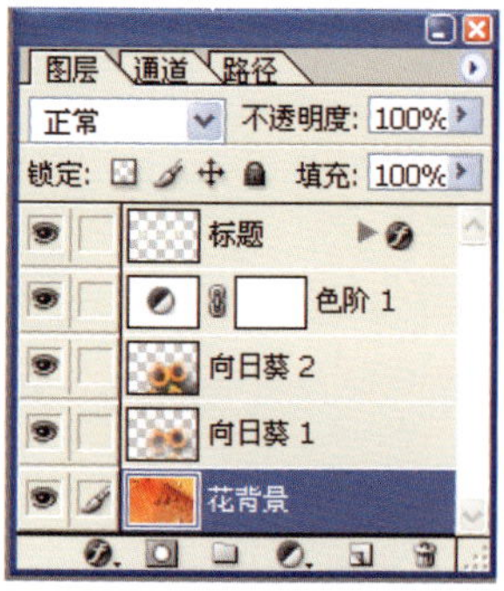

图5-2　图层面板

（5）显示和隐藏：用于显示或隐藏图层，不显示眼睛图标时表示这一层图像是隐藏的；反之表示这一层图像是显示的。用鼠标单击眼睛图标就可以切换显示或隐藏状态。注意：当某个图层隐藏时，将不能对它进行任何编辑。

（6）图层缩略图：在图层名称的左边有一个正方形的预览图，显示该层图像内容，它的作用是为了辨识图层，缩略图的内容随着图像的改变而改变。

（7）使用图层样式：单击此图标就会弹出图层样式的对话框，在这个对话框中可以针对当前作用图层的图像来制作各种样式效果。

（8）图层蒙版：单击此图标可以建立一个图层蒙版。

（9）图层组：利用图层组工作时，便于对繁杂众多的图层进行有序的管理。

（10）创建调整图层：这种类型的图层主要用来控制和调整图层的色彩和色调。将色调和色彩的设置，如图案、色彩平衡等命令制作的动作效果，单独存放到某个图层中，调整和修改图像时不会直接影响和改变原始图像。

（11）建立新图层：单击此图标就可以创建一个新图层，如果用鼠标把某个图层拖拽到这个图标上就可以复制该图层。

（12）删除图层：单击该图标可将当前选中的图层删除，用鼠标拖拽图层到该按钮图标上也可以删除图层。

（13）图层链接：当链接框中显示链接条图标时，表示这一层与当前作用层链接到一起了。

5.3　图层的基础操作

5.3.1　创建图层

处理图像过程中，经常要在图像上绘制和添加新的图像元素，但又不能立即把它的效果确定下来，在图像的创作过程中还必须对它进行修改，这样就要在这个图像文件上建立一个新的普通图层。普通图层是一个透明无色的图层，就好比是一张透明的纸，可以在这个图层上任意地进行修改、绘制和调整，而不会影响到原来的图像效果。新建图层的方法有很多种，但其中最为常用的是通过功能按钮和快捷键两种方法，下面分别对其进行介绍。

1. 使用功能按钮创建图层

单击“图层”调板内的“创建新图层”按钮，即可在当前图层之上创建一个新图层，这是创建新图层最常用的方法。

2. 使用快捷键新建图层

（1）按Ctrl+Shift+N键，则弹出“新图层”对话框，设置适当的参数，单击“确定”按钮即可在当前图层上新建一个图层。

（2）按Ctrl+Alt+Shift+N键即可在不弹出“新图层”对话框的情况下，在当前图层上方新建一个图层。

5.3.2 复制图层

复制图层是最常见的基础操作之一，通过此操作可以直接得到与原图层完全相同的图层，以便在此基础上继续编辑。下面分别讲解几种最常用的复制图层的操作方法。

1. 利用“创建新图层”按钮复制图层

在同一图像中复制图像，可以直接在“图层”调板中将此图层拖拽至“创建新图层”按钮上，释放鼠标后即可得到当前图层的副本。（快捷键：Ctrl+J）

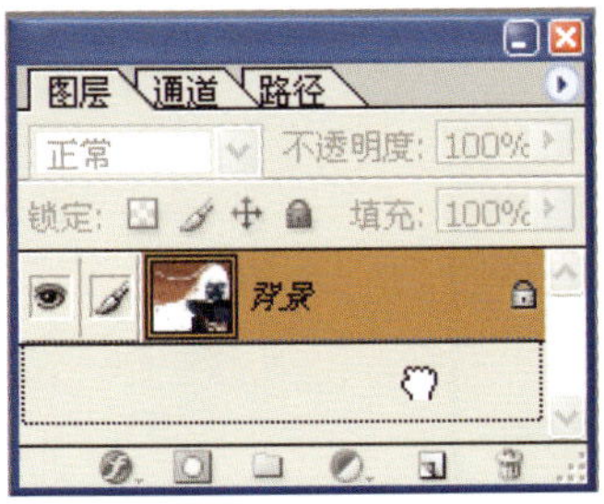

图5-3 拖拽至“创建新图层”按钮

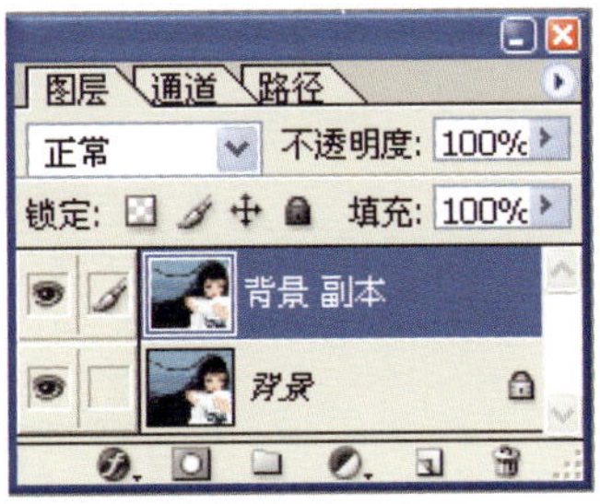

图5-4 得到“背景副本”

2. 通过拷贝和剪切创建图层

如果存在当前选区，有两种方法可以从当前选区中创建新的图层，即选择“图层”→“新建”→“通过拷贝的图层”或“通过剪切的图层”命令新建图层。

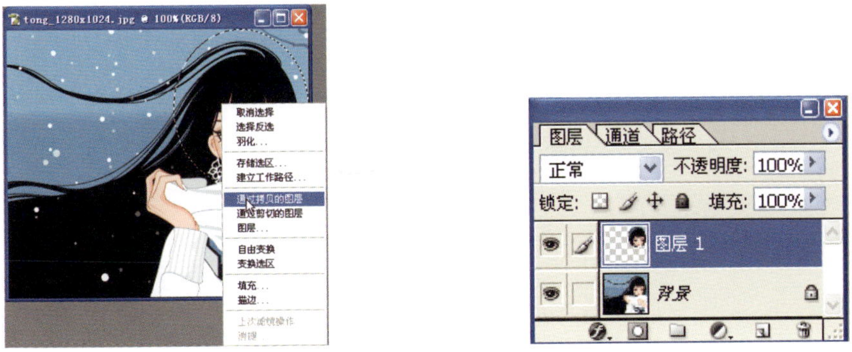

图5-5 通过拷贝创建图层

图5-6　通过剪切创建图层

5.3.3　显示与隐藏图层

在图层面板的左侧有一个眼睛的标志，可以通过点击鼠标左键来决定它的消隐，显示眼睛的时候表示这个图层是可见的，眼睛消失的时候表示图层是不可见的。

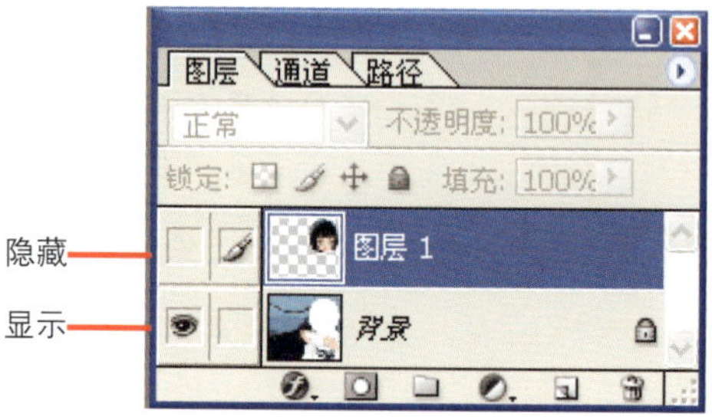

图5-7　隐藏图层

5.3.4　图层的锁定

锁定图层是为了防止误操作，Photoshop提供了四种锁定方式。前文的背景图层上就始终有一个锁定的标志，这是因为背景层自动具有一些锁定功能。也可以自己来给图层设置锁定。通常情况下，背景图层对位置已经进行了锁定，也就是说在正常情况下，是不能对背景图层进行移动的，如果想要对背景图层进行像素的移动，就要将背景图层转化为一般图层，方法是直接双击背景层，在弹出的对话框里，可以输入图层的名称、颜色、模式以及不透明度等。

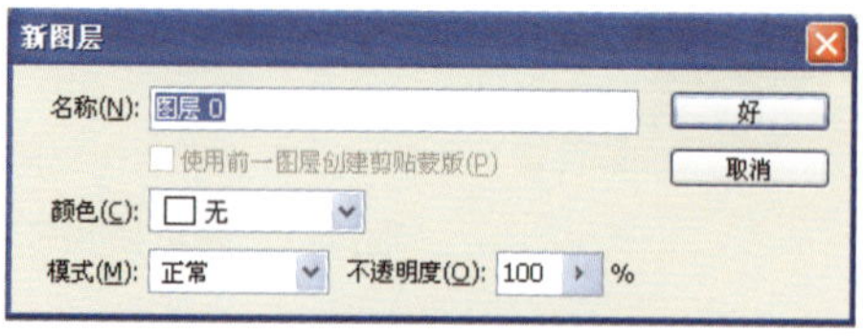

图5-8　解锁图层为普通图层

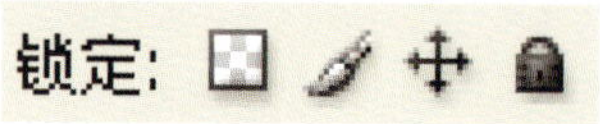

（1）移动锁定：此时该层无法移动。如果试图移动会弹出警告框。设计制作的时

候，安放好了图层的位置，为了防止意外移动它，可以打开移动锁定。

（2）图像像素锁定：如果打开了这项锁定就无法修改图层中的像素，即禁止了对图层图像的绘制或者修改。如果使用画笔或者其他绘图工具，就会出现警告框。

（3）透明像素锁定：就是保持图层中像素的面积不变。打开后，绘图工具无法在该层的透明区域内绘画。即使经过透明区域也不会留下笔迹。

（4）锁定全部：如果打开它，那么这个图层既无法绘制也无法移动，像素和透明像素部分也无法修改，也就是整个文件被锁定。

5.3.5 选择图层

正确选择图层是正确操作的前提条件，只有选择了正确的图层，所有基于此图层的操作才有意义。

（1）直接选择图层名称来选择相对应的图层。

（2）将鼠标放在与其对应的图像上，单击鼠标右键进行选择。

（3）在移动工具的属性栏中，勾选“自动选择图层”进行快速选择。

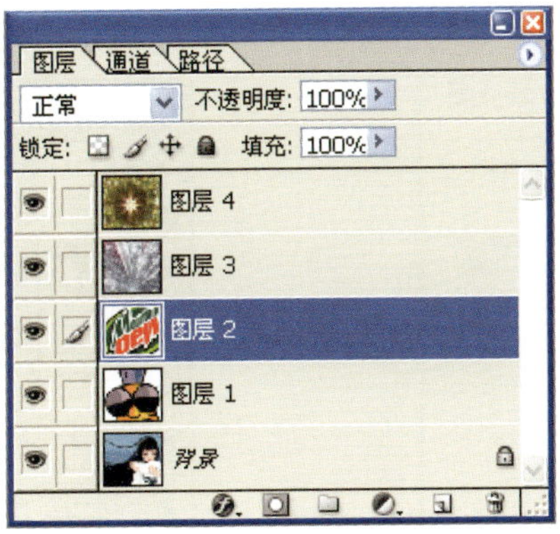

图5-9 选择图层

5.3.6 图层的删除

对于不使用的图层，可以在图层上点击鼠标右键，然后选择删除图层，对图层进行删除，也可以在图层上按住鼠标左键将图层直接拖拽到垃圾桶上，即删除该图层。

5.3.7 合并图层

（1）合并可见图层：单击“图层”菜单中的“合并可见图层”命令，即可将所有可见图层合并为一个图层。图层合并后，会使图像占用的内存变小，图像文件变小。

（2）合并所有图层：单击“图层”菜单中的“拼合图层”命令，即可将所有图层合并到背景图层中。

向下合并图层快捷方式为Ctrl+E；合并可见图层快捷方式为Ctrl+Shift+E。

5.4　图层组

设计制作过程中有时候用到的图层会很多，尤其在网页设计中，超过100个图层的情况也是常见的。这会导致即使关闭缩览图，“图层”调板也会拉得很长，使得查找图层很不方便。前面讲过使用恰当的文字去命名图层，但实际使用中为每个图层输入名字很麻烦。还讲过使用色彩来标示图层，但在图层数量众多的情况下作用也十分有限。使用移动工具点击右键或按住Ctrl键单击选择图层的方式虽然很好用，但也无法缩短“图层”调板的长度。为了解决这个问题，Photoshop提供了图层组功能。将图层归组可提高“图层”调板的使用效率。图层组的工作原理就是将多个图层归为一个组，这个组可以在不需要操作时折叠起来，无论组中有多少图层，折叠后只占用相当于一个图层的空间。

创建新图层组的菜单命令是“图层”→“新建”→“图层组”，也可以使用“图层”调板的三角形按钮。不过最常用的方法是点击“图层”调板下方的“创建新组”按钮，建立一个空组。注意新组的层次在之前所选择图层之上。如果创建之前选择的是图层2，那么新组就位于图层2与图层3之间。与图层样式类似，展开或是折叠可以从“创建新组”标志左边的三角箭头得知。箭头向下为展开，向右为折叠。新组默认是处于展开状态的。

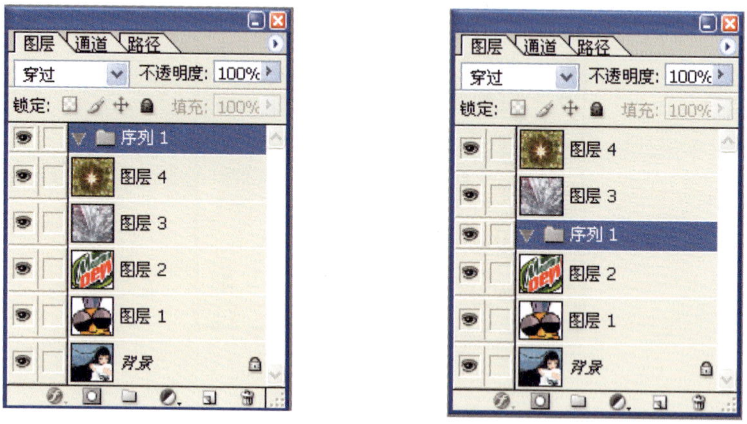

图5-10　创建新的图层组

5.5　图层的链接

链接在一起的图层除了可以同时移动以外，还可以进行同时旋转、缩放、斜切、扭曲、透视、翻转等操作，这些操作统称为变换。链接图层的方法也很简单，就是点击“图层”调板中眼睛标志右边的链接标志，会出现一个锁链图标，这就是链接指示。如图5-11所示，先选择图层4，然后在图层3上点击链接，两个图层就被链接了。两个图层链接以后，无论移动处于链接中的哪一层，其余的层都会随之移动。这样只需要使用移动工具就可以一起移动两个链接层了。两个层以上的链接也是一样的。

解除图层链接的方法和建立图层链接是一样的，再次点击链接框就可以解除链接。也可以拖动鼠标依次解除多个链接。在实际使用中，有时会遇到需要链接多个顺序的图层，但其中一两个图层不需要链接的情况。此时可以先用拖动的方式全部链接，然后单独点击解除不需要链接的图层。

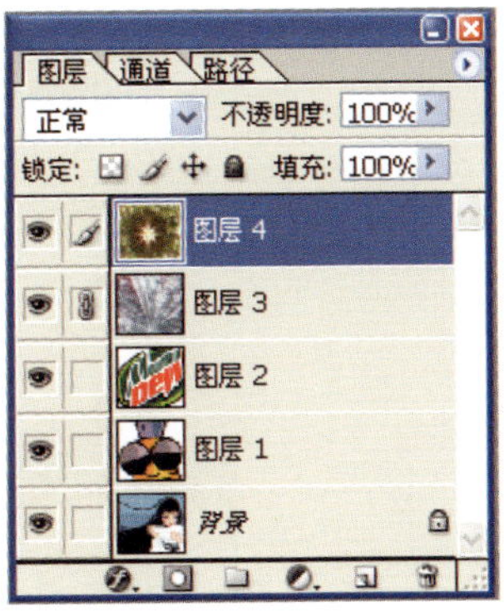

图5-11　链接图层

5.6　栅格化图层

对于包含矢量数据（如文字图层、形状图层和矢量蒙版）和生成的数据（如填充图层）的图层，不能使用绘画工具或滤镜。但是，可以栅格化这些图层，将其内容转换为平面的光栅图像。

（1）选择要栅格化的图层。

（2）选取“图层”→“栅格化”，并从子菜单中选取选项。

5.7　图层的对齐

使用Photoshop的对齐功能，可以对分布于若干个图层中的图像执行对齐操作，既高效又准确。选择“图层”→“对齐”子菜单中的命令，或在选择移动工具的情况下单击其选项条上的按钮，可以将所有选中图层中的内容相互对齐。下面将分别对各个对齐功能进行讲解。先将需要对齐的图层进行链接，然后选择链接图层中的任意一层，在移动工具下即可对齐图层。对齐的基准图层为当前所选择的图层。对齐的依据是所选择图层存在最左端、水平中点、最右端像素以及最顶端、垂直中点、最底端像素。

图5-12　“对齐与分布”按钮

（1）顶对齐：将链接图层的最顶层像素与现用图层的最顶层像素对齐，或与选区边框的最顶边对齐。

（2）垂直中齐：将链接图层的垂直方向的中心像素与现用图层的垂直方向的中心像素对齐，或与选区边框的垂直中心对齐。

（3）底对齐：将链接图层的最底端的像素与现用图层的最底端的像素对齐，或与选区边框的最底边对齐。

（4）左对齐：将链接图层的最左端的像素与现用图层的最左端的像素对齐，或与选区边框的最左边对齐。

（5）水平中齐：将链接图层的水平方向的中心像素与现用图层的水平方向的中心像素对齐，或与选区边框的水平中心对齐。

（6）右对齐：将链接图层的最右端的像素与现用图层的最右端的像素对齐，或与选区边框的最右边对齐。

图5-13　原图

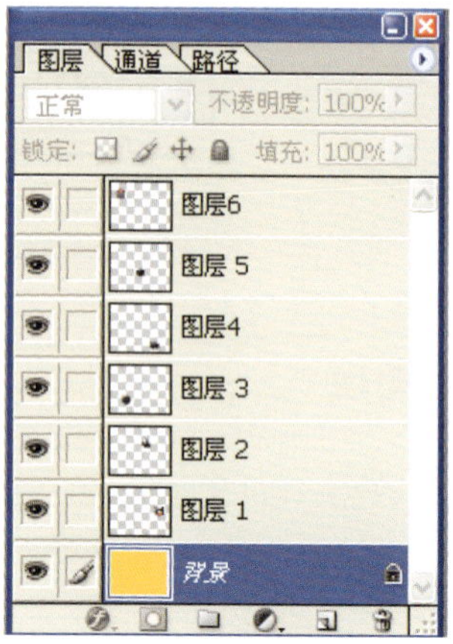

图5-14　图层面板

图5-15　水平中齐

图5-16　垂直中齐

在“图层”调板中，将三个或更多个图层分布开来。选取“图层”→“分布链接图层”，并从子菜单中选取一个选项：

（1）按顶分布：从每个图层的顶端像素开始，以平均间隔分布链接的图层。

（2）垂直中心分布：从每个图层的垂直居中像素开始，以平均间隔分布链接的图层。

（3）按底分布：从每个图层的底部像素开始，以平均间隔分布链接的图层。

（4）按左分布：从每个图层的最左边像素开始，以平均间隔分布链接的图层。

（5）水平中心分布：从每个图层的水平中心像素开始，以平均间隔分布链接的图层。

（6）按右分布：从每个图层的最右边像素开始，以平均间隔分布链接的图层。

图5-17　原图

图5-18　水平中心分布

5.8　图层的混合模式

当不同的层叠加在一起时，除了设置图层的不透明度以外，图层混合模式也将影响两个图层叠加后产生的效果。简单来说，混合模式就是Photoshop中提供的使两个图层或多个图层之间相互融合的“手段”，同时又包括了许多种类，使用不同的“手段”得到的混合效果也各不相同。作为Photoshop的核心功能之一，混合模式已经成为图像处理不可或缺的一项技术，同时我们看到很多的合成图像，几乎都或多或少地使用了混合模式来达到融合图像的目的。

Photoshop共提供了23种混合模式，针对不同的图像应用不同的混合模式则可以得到不同的效果。

（1）正常：在正常模式下，“混合色”的显示与不透明度的设置有关。当“不透明度”为100%，也就是说完全不透明时，“结果色”的像素将完全由所用的“混合色”代替；当“不透明度”小于100%时，混合色的像素会透过所用的颜色显示出来，显示的效果取决于不透明度的设置与“基色”的颜色。

（2）溶解：此混合模式用于图层中的图像出现透明像素时，依据图像中透明像素的量显示出颗粒化效果。

（3）变暗：选择此模式，Photoshop将对上下两层的像素进行比较，以上方图层中较暗像素代替下方图层中与之相对的较亮像素，且下方图层中的较暗区域代替上方图层中的较亮区域，因此叠加后整体图层变暗。

图5-19　正常模式

图5-20　变暗

（4）正片叠底：选择此混合模式时，Photoshop将上下两图层的颜色相乘并除以255，最终得到的颜色比上下两个图层的颜色都要暗一点。

图5-21　正常模式

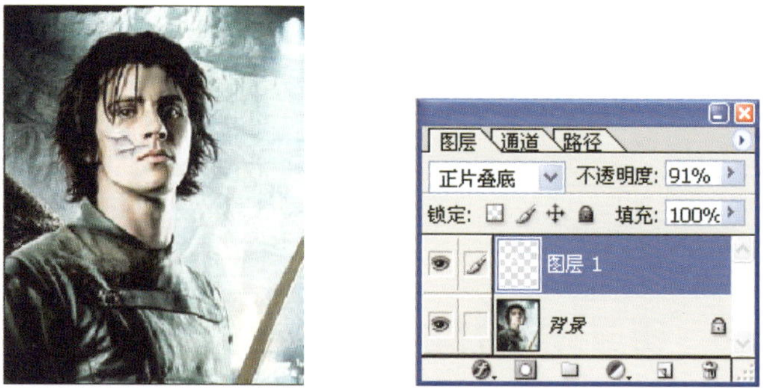

图5-22　正片叠底

（5）颜色加深：此模式用于加深图像的颜色，通常用于创建非常暗的阴影效果，或降低图像的局部亮度。

图5-23　颜色加深

（6）线性加深：查看每一个颜色通道的颜色信息，加暗所有通道的基色，并通过提高其他颜色的亮度来反映混合颜色，此模式对白色无效。

图5-24　线性加深

（7）变亮：选择此模式时，Photoshop以上方图层中较亮像素代替下方图层中与之相对的较暗像素，且以下方图层中的较亮区域代替上方图层中的较暗区域，因此叠加后整体图像呈亮色调。

图5-25　变亮

（8）滤色：选择此模式，整体效果显示由上方图层及下方图层的像素值中较亮的像素合成的图像效果，通常用于显示下方图层的高光部分。

图5-26　滤色

（9）颜色减淡：选择此模式可以生成非常亮的合成效果，其原理为上方图层的像素值与下方图层的像素值采取一定的算法相加。此模式通常被用来创建光源中心点极亮的效果。

（10）线性减淡：查看每个颜色通道的颜色信息，加亮所有通道的基色，并通过降低其他颜色的亮度来反映混合颜色，此模式对黑色无效。

（11）叠加：选择此混合选项时，图像最终的效果将取决于下方图层，但上方图层的明暗对比效果也将直接影响整体效果，叠加后下方图层的亮度区与阴影区仍被保留。

（12）柔光：使用此混合模式时，Photoshop将根据上下图层的图像，使图像的颜色变亮或变暗，具体变化的程度取决于像素的明暗程度。如果上方图层的像素比50%灰度亮，则图像变亮；反之，则图像变暗。

（13）强光：此模式的效果与“柔光”类似，但其加亮与变暗的程度较柔光模式大许多。

（14）亮光：如果混合色比50%灰度亮，则图像通过降低对比度来加亮图像，反之通过提高对比度来使图像变暗。

（15）线性光：如果混合色比50%灰度亮，那么图像通过提高对比度来加亮图像，反之通过降低对比度来使图像变暗。

（16）点光：此模式通过置换颜色像素来混合图像。如果混合色比50%灰度亮，则原图像暗的像素会被置换，而原图像亮的像素无变化；反之，原图像亮的像素会被置换，而原图像暗的像素无变化。

图5-27　原图

图5-28　原图

图5-29　叠加

图5-30　柔光

图5-31　强光

图5-32　亮光

图5-33　线性光

图5-34　点光

（17）实色混合：查看每个通道中的颜色信息，并将基色与混合色复合，结果色总是较暗。任何颜色与黑色复合产生黑色。任何颜色与白色复合保持不变。当用黑色或白色以外的颜色绘画时，绘画工具所绘制的连续描边会产生逐渐变暗的颜色。

（18）差值：选择此混合模式，Photoshop将对比上下两个图层的像素值，并用较大的像素值减去较小的像素值，以两者之差决定最终显示的图像像素值。

（19）排除：选择此模式可以创建一种与差值模式相似但对比度较低的效果。

（20）色相：选择此模式，最终图像的像素值由下方图层的“亮度”与“饱和度”值及上方图层的“色相”值构成。如图5-35所示，“图层1”为增加的一个填充为绿色的图层，图5-36为将“图层1”的混合模式设置为“色相”后的效果及对应的“图层”调板。除了填充实色外，如果需要改变局部的颜色，可以尝试增加具有渐变效果的图层与局部有填充色的图层。

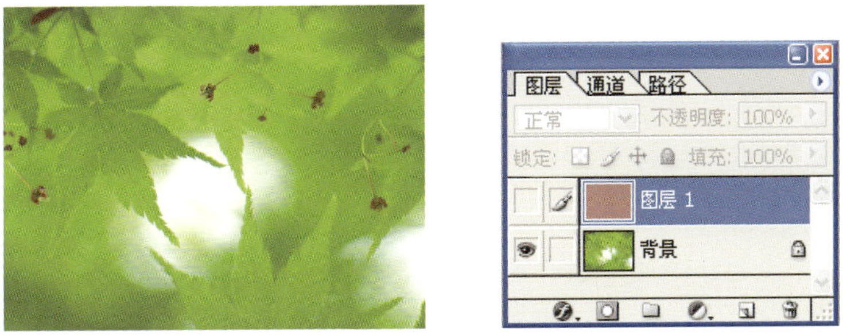

图5-35 原图

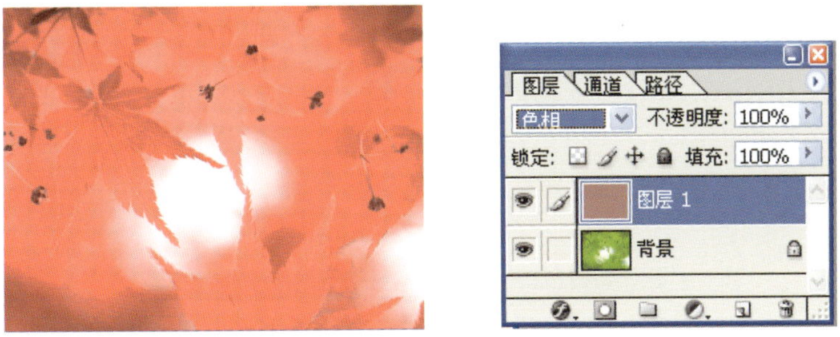

图5-36 色相

（21）饱和度：选择此模式，最终图像的像素值由下方图层的“亮度”和“色相”值及上方图层的“饱和度”值构成。

（22）颜色：选择此模式，最终图像的像素值由下方图层的“亮度”值及上方图层的“色相”和“饱和度”值构成。

图5-37 原图

图5-38 饱和度

图5-39 颜色

（23）亮度：选择此模式，最终图像的像素值由下方图层的“色相”和“饱和度”值及上方图层的“亮度”值构成。

5.9 图层样式

图层样式对成功地制作图像作品有很大帮助，它体现了Photoshop的所有主要优点：快速完成工作，得到高质量作品，而且便于以后灵活修改或添加创意。使用图层样式可以快速得到投影、外发光、内发光、斜面与浮雕、描边等常用效果。

1.“图层样式”对话框

在“图层样式”对话框中，包含了三类共十个图层样式，由于各类图层样式集合于一个对话框中，而且其参数结构基本相似，所以在此以“投影”图层样式为例讲解“图层样式”对话框。选择“图层”→“图层样式”→“投影”命令或单击“图层”调板底部的“添加图层样式”按钮，在下拉的菜单中选择“投影”命令，弹出如图5-40所示对话框。

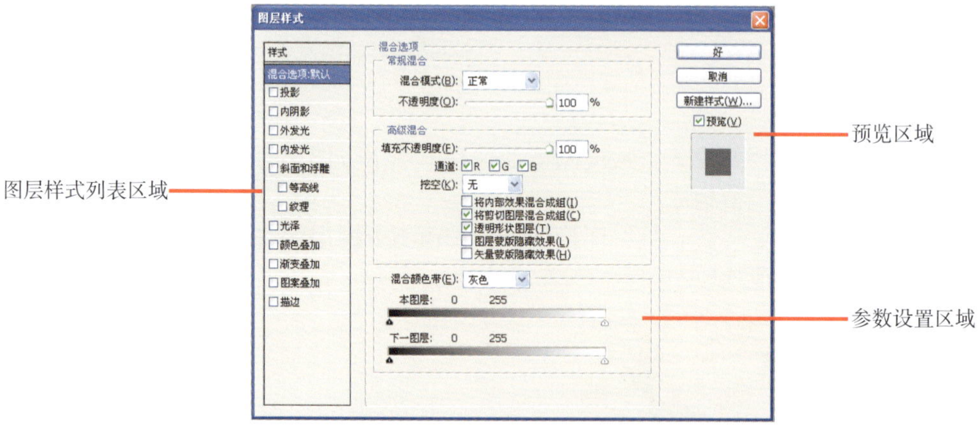

图5-40 “图层样式”对话框

可以看出，“图层样式”对话框在结构上分为三个区域：

（1）图层样式列表区域：在该区域中列出了所有的图层样式。如果要同时应用多个图层样式，只需要选中图层样式名称左侧的选项即可；如果要对某个图层样式的参数进行编辑，则直接单击该图层样式名称即可在对话框中间的参数设置区域显示出其参数。

（2）参数设置区域：选择不同图层样式，该区域会显示出与之对应的参数选项。

（3）预览区域：在该区域中可以预览当前所设置的所有图层样式叠加在一起时的效果。

2. 各图层样式的功能

（1）投影图层样式：投影图层样式可以为图像添加阴影效果。

① 混合模式：在此下拉列表中，可以为阴影选择不同的“混合模式”，从而得到不同的效果。单击其左侧颜色块，在弹出的“拾色器”对话框中选择颜色，可以将此颜色指定为投影颜色。

图5-41 原图

图5-42 投影

② 不透明度：可以输入数值定义投影阴影的不透明度，数值越大则阴影效果越浓，反之越淡。

③ 角度：拨动角度的指针或输入数值，可以定义阴影的投射方向。

④ 全局光：在选中该选项的情况下，如果改变任意一种图层样式的角度数值，将会同时改变所有图层样式的角度。如果需要为不同的图层样式设置不同的角度数值，则应该取消该选项。

⑤ 扩展：拨动滑块或输入数值，可以增加投影的投射强度。数值越大，则投影强度越大，颜色的淤积感越强烈。

⑥ 大小：此参数可以控制投影的柔化程度大小。数值越大则投影的柔化效果越明显，反之越清晰。

⑦ 等高线：可以定义图层样式效果的外观。单击此下拉列表，将弹出“等高线”列表，可在该列表中选择等高线的类型，在默认情况下自动选择线性等高线。

（2）内阴影图层样式：可以为图像添加内阴影效果，使图像具有凹陷的效果。

图5-43 原图

图5-44 内阴影

（3）外发光图层样式：可以为图层增添外发光效果。

图5-45 原图

图5-46 外发光

（4）内发光图层样式：可以为图层增加内发光效果，该样式的对话框与外发光样式相同。

图5-47 原图

图5-48 内发光

（5）斜面和浮雕图层样式：可以为图像增加立体感。在“样式”中可以分别选择“外斜面”“内斜面”“浮雕效果”“枕状浮雕”“描边浮雕”五个选项。

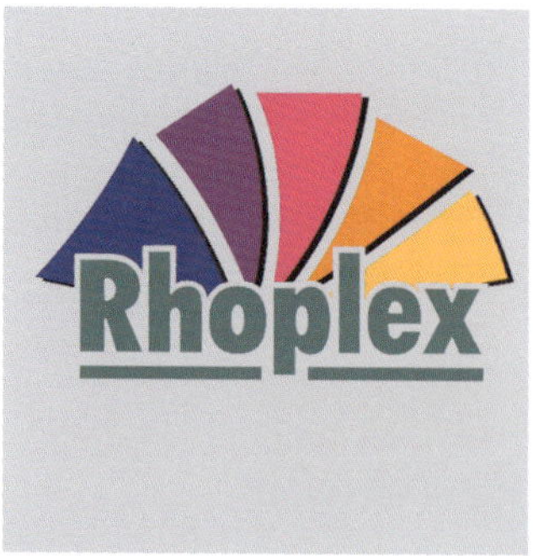

图5-49 原图

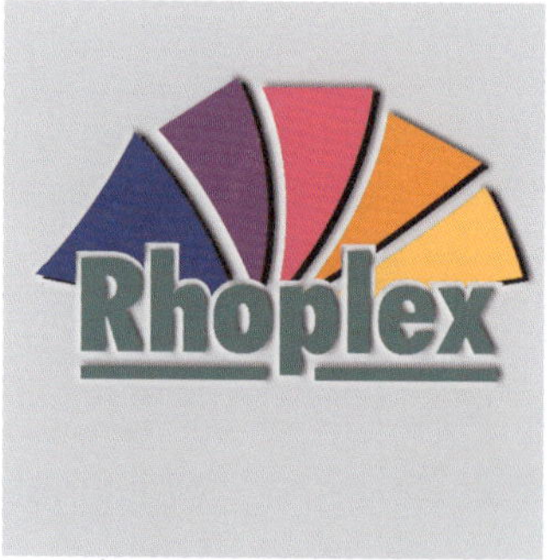

图5-50 外斜面

图5-51 内斜面

图5-52 浮雕效果

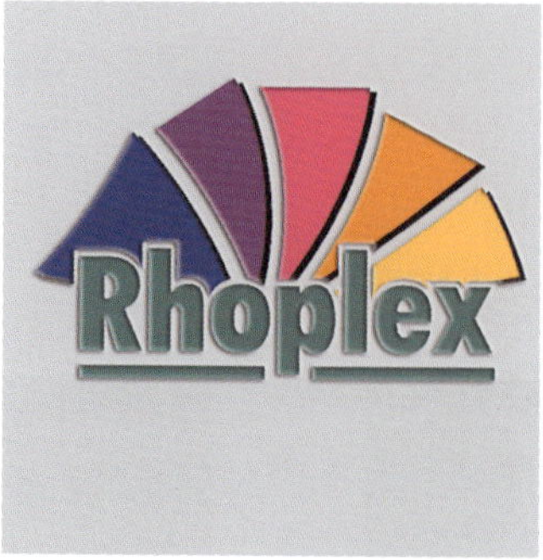

图5-53 枕状浮雕

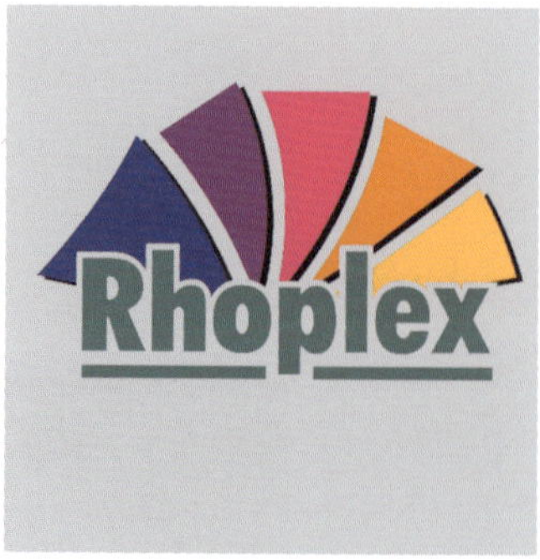

图5-54 描边浮雕

（6）光泽图层样式：可以用于创建光滑的磨光或金属效果。

图5-55 原图

图5-56 光泽

（7）颜色叠加图层样式：可以为图层叠加某种颜色。在对话框中只需单击“混合模式”右侧的色块，在弹出的“拾色器”对话框中选择一种颜色，并设置所需要的混合模式和不透明度即可。

（8）渐变叠加图层样式：可以为图层叠加渐变效果。

图5-57 原图

图5-58 渐变叠加

（9）图案叠加图层样式：可以在图层上叠加图案。

图5-59 原图

图5-60 图案叠加

（10）描边图层样式：可以用颜色、渐变、图案三种方式为当前图层的不透明像素描画轮廓。

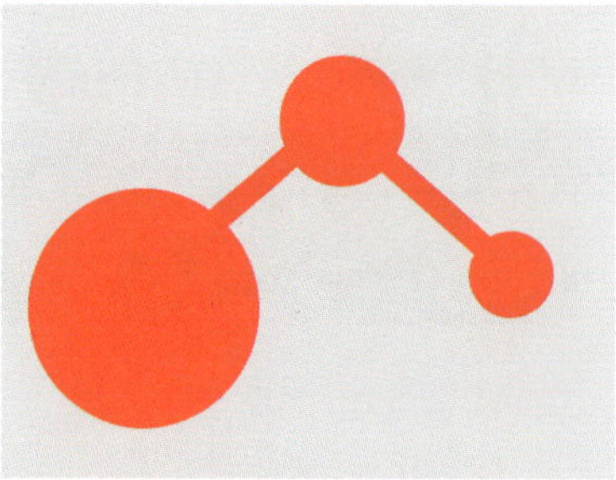

图5-61　原图

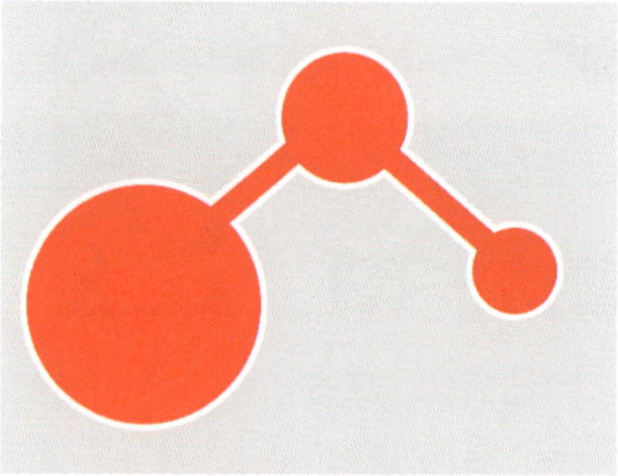

图5-62　颜色

图5-63　渐变

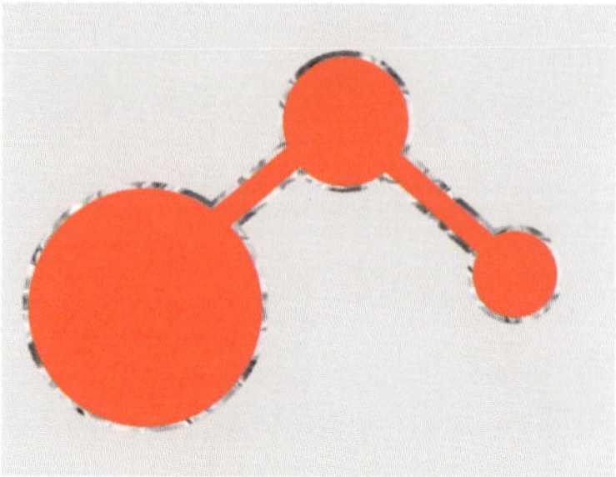

图5-64　图案

5.10　实例

5.10.1　神秘的贺卡

步骤1:

打开素材（少女与星空图像），如图5-65、图5-66所示。

图5-65

图5-66

步骤2:

将“星空”图像拖拽到“少女”图像上，调整成合适大小，如图5-67、图5-68所示。

图5-67

图5-68

步骤3:

将图层1的混合模式设为“滤色”，把不透明度设为50%，自然合并图层，如图5-69、图5-70所示。

图5-69

图5-70

步骤4:

选择橡皮擦工具，并设置橡皮擦笔刷的大小、硬度，擦除人物面部的星光，如图5-71、图5-72所示。

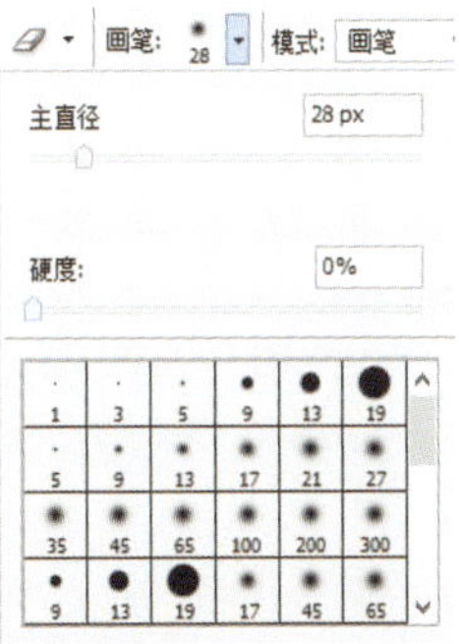

图5-71

图5-72

步骤5:

将“宇宙”素材图片打开，将其拖拽到文件中，调整好大小，并将图层的混合模式设置为“叠加”，如图5-73、图5-74所示。

图5-73

图5-74

步骤6:

再次选择橡皮擦工具，并设置橡皮擦笔刷的大小、硬度，擦除遮挡人物面部的图像，并合并所有图层（快捷键为Ctrl+Shift+E），如图5-75、图5-76所示。

图5-75

图5-76

步骤7:

制作最亮的一颗星，选择“滤镜”→“渲染”→“镜头光晕”，并设置镜头类型为“105毫米聚焦”，调整合适的光晕位置，如图5-77、图5-78所示。

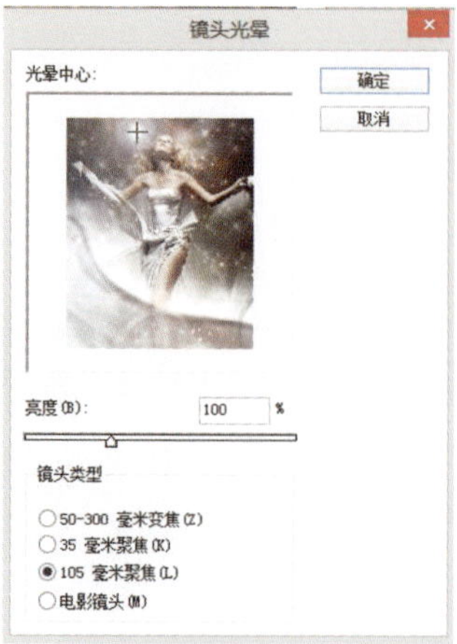

图5-77

图5-78

步骤8:

选择文本工具，输入文字“Starry sky”，并设置文本颜色、文字大小，如图5-79、图5-80所示。

图5-79

图5-80

步骤9:

选择“文件”→“存储为”，最终效果如图5-81所示。

图5-81

5.10.2 彩色透明的塑料效果

图5-82　效果图

步骤1:

建立一个文件，宽度为1 024像素，高度为768像素，分辨率为72像素/英寸，如图5-83所示。

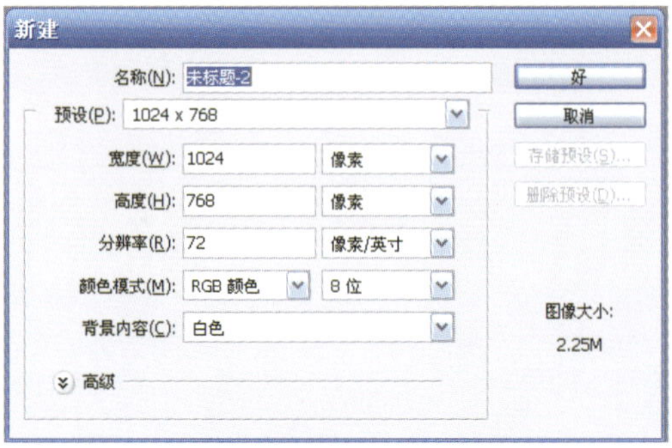

图5-83

步骤2:

选择“文字工具”，输入文字“love”，字体为Cooper，颜色为黑色，字体大小为265点，如图5-84、图5-85所示。

图5-84

图5-85

步骤3:

给文字图层加入图层样式，双击文字图层或点击图层面板下面的“添加图层样式”按钮，首先添加颜色叠加图层样式，颜色设置为浅蓝色，不透明度为100%，如图5-86、图5-87、图5-88所示。

图5-86

图5-87

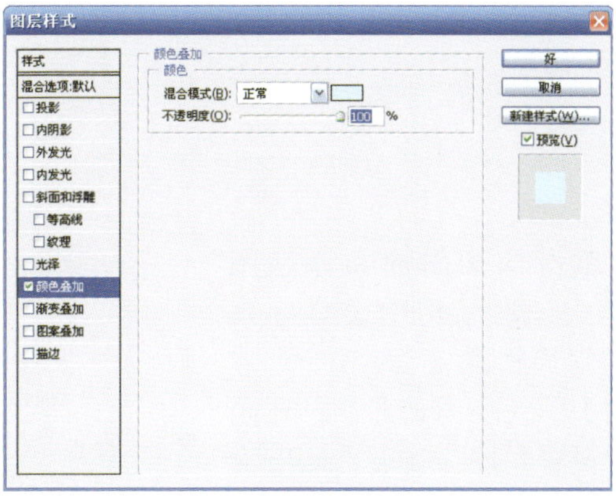

图5-88

步骤4:

继续添加投影图层样式，混合模式设置为正片叠底，颜色为深蓝色，不透明度为75%，角度为90度，距离为 15像素，大小为18像素，如图5-89、图5-90所示。

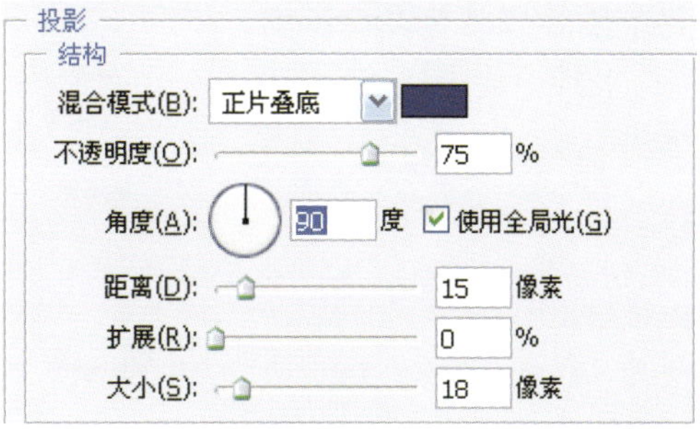

图5-89

图5-90

步骤5:

继续添加内阴影图层样式，混合模式设置为正片叠底，颜色为深蓝色，不透明度为85%，角度为90度，距离为15像素，大小为25像素，如图5-91、图5-92所示。

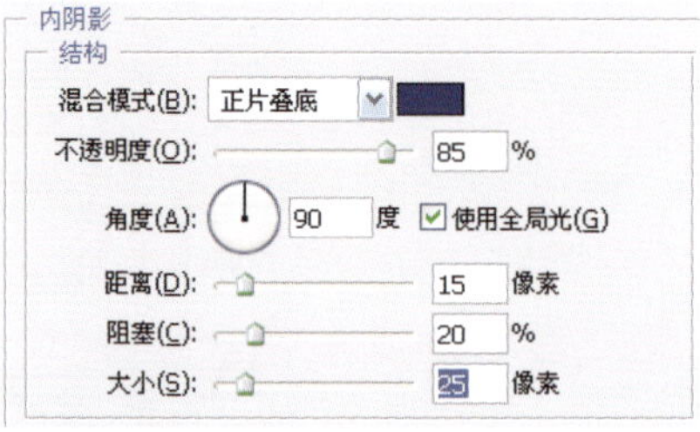

图5-91

图5-92

步骤6:

继续添加斜面和浮雕图层样式，在结构中设置样式为内斜面，深度为230%，方向向上，大小为15像素；在阴影中设置角度为90度，高度为60度；增添等高线的设置，目的是使高光变得更加强烈与圆滑，等高线选择高斯分布模式，将范围值调整为70%；如图5-93、图5-94、图5-95、图5-96所示。

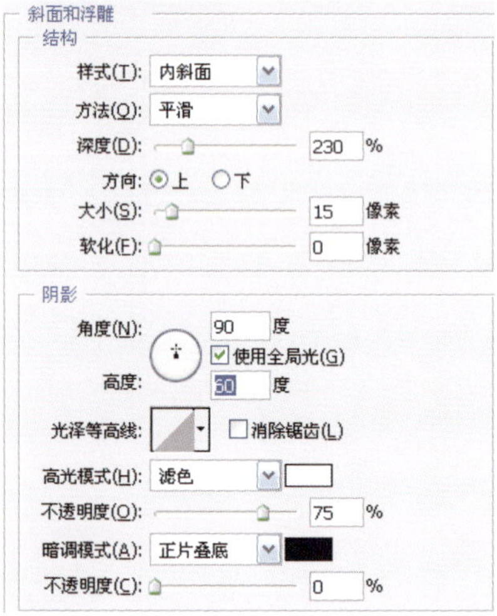

图5-93

图5-94

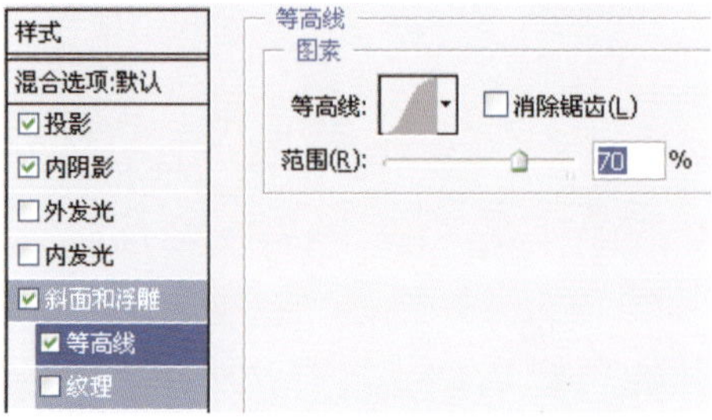

图5-95

图5-96

步骤7:

最后增加外发光图层样式，混合模式为滤色，不透明度为60%，颜色为浅蓝色，如图5-97、图5-98所示。

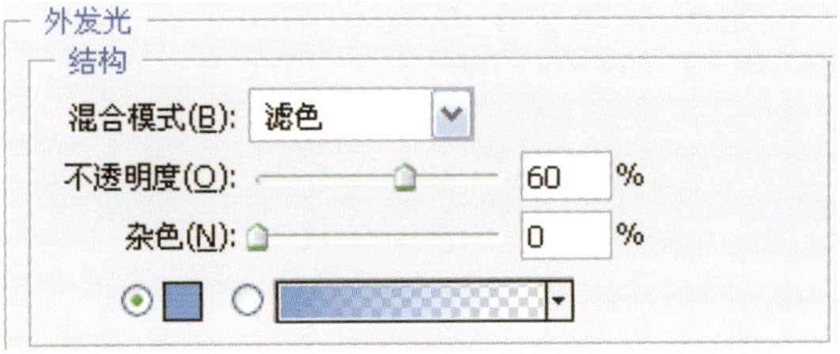

图5-97

图5-98

步骤8:

新建一个图层，使用自定形状工具，绘制一心形路径，调整位置。在路径面板上点击“将该路径作为选区载入”按钮，填充黑色，并调整到文字图层的下面，如图5-99、图5-100所示。

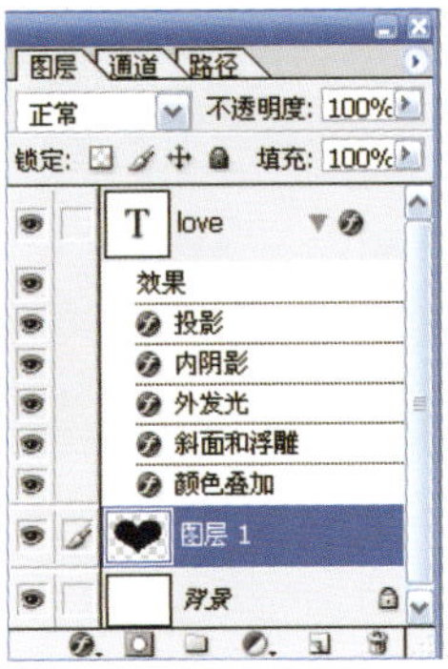

图5-99 图5-100

步骤9:

选中文字图层，在文字图层上单击鼠标右键并选择“拷贝图层样式”，在“图层1”进行“粘贴图层样式”，如图5-101、图5-102、图5-103所示。

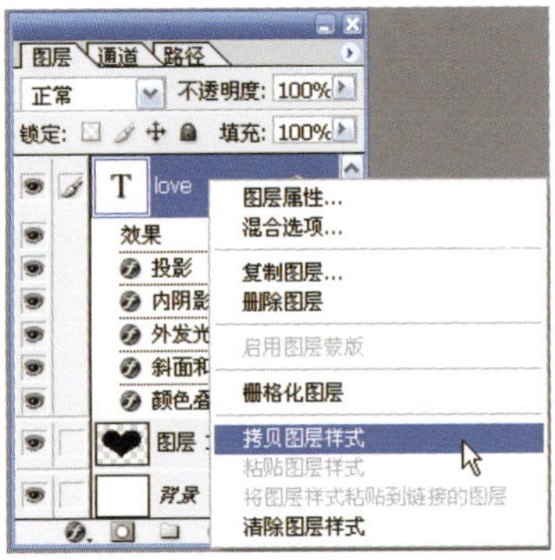

图5-101

图5-102

图5-103

步骤10:

选中“图层1”，在图层面板上点击“创建新的调整或填充图层”按钮，对“色相/饱和度”进行设置。如图5-104、图5-105、图5-106所示。

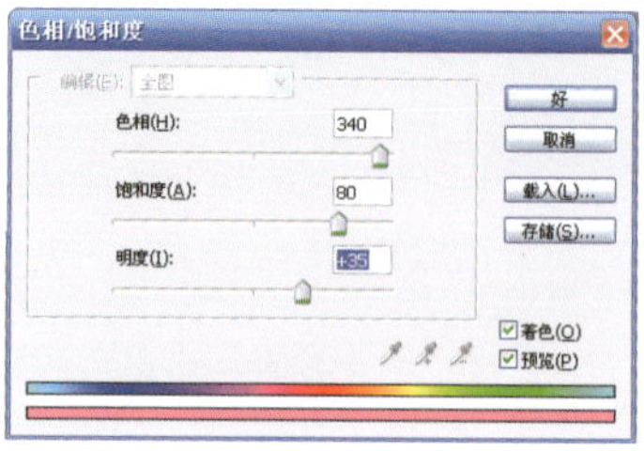

图5-104

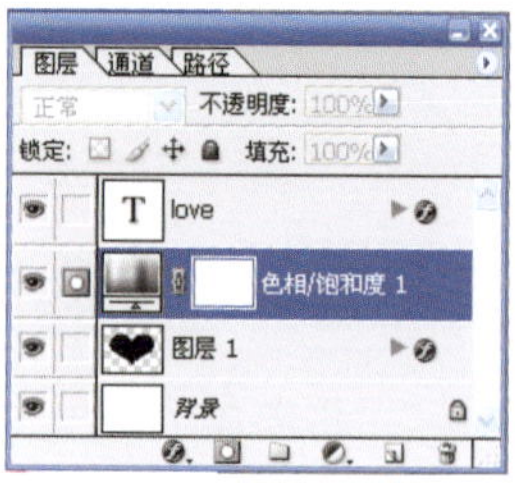

图5-105

图5-106

步骤11:

绘制背景，新建“图层2”，利用自定形状工具绘制心形，将路径变选区并填充浅粉色。取消选择后，复制“图层2”得到“图层2副本”，调节两图层中图像的位置，合并“图层2”与“图层2副本”，如图5-107、图5-108所示。

图5-107

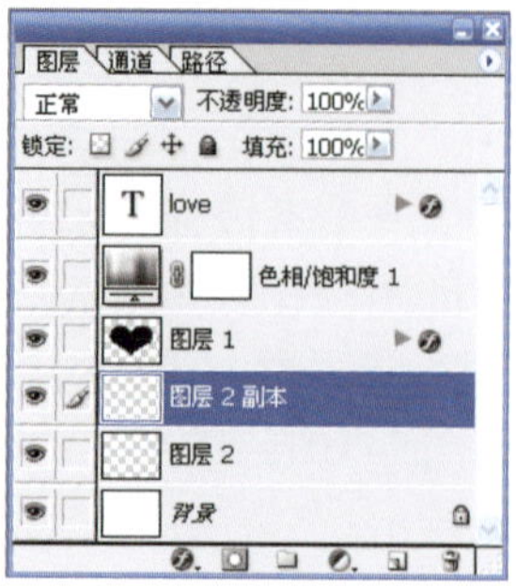

图5-108

步骤12:

使用矩形选框工具绘制选区，并执行菜单栏“编辑”→“定义图案”。然后，删除“图层2”和“图层2副本”，并建立一个新的图层进行“编辑”→“填充”，使用自定图案填充（刚刚自定义为图案1），模式为正常。将文件进行保存，完成！如图5-109、图5-110、图5-111、图5-112所示。

图5-109

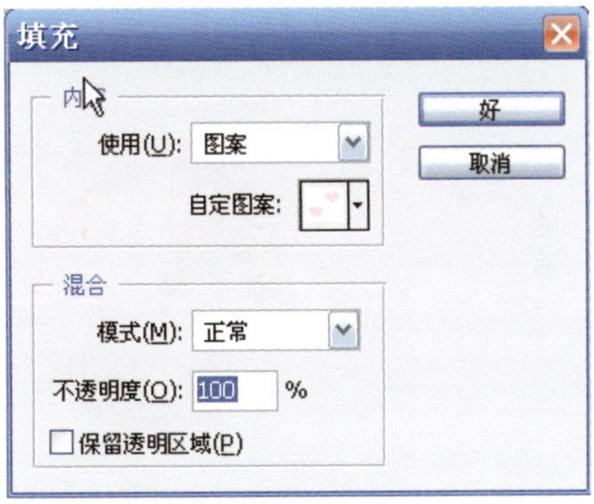

图5-110

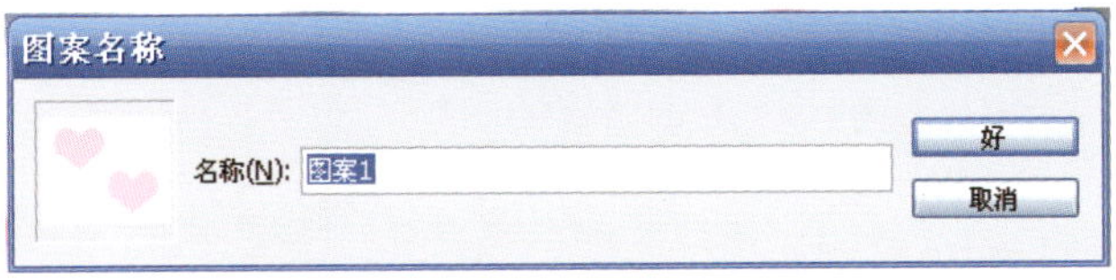

图5-111

图5-112

5.11 练习

1. 选择题

（1）如果将背景图层转换为普通图层，下列方法描述正确的是？（ ）

A. 将“图层”调板中背景图层的缩略图拖到“图层”调板中的“创建新图层”按钮上即可

B. 执行“图层”→“新建”→“背景图层”命令，可弹出对话框，点击确定即可

C. 双击背景图层的缩略图，可弹出对话框，点击确定即可

D. 将“图层”调板中背景图层的缩略图拖到“图层”调板中的“删除图层”按钮上即可

（2）如下图所示，在左图中不同的图像分别在四个不同的链接图层上，执行哪些按钮的命令后，可以得到右图所示结果？（ ）

A.  B.  C.  D. 

2. 问答题

（1）为什么要建立新的图层？

（2）为什么要使用图层组，一般什么情况下使用图层组？

3. 操作题

用所给素材图片图5-113，制作出最终的合成效果图5-114。

图5-113 素材图片

图5-114 合成效果

第6章　Photoshop路径与形状

通过本章的学习，掌握利用路径与形状的功能来绘制图形。利用它不但能快速、精确地勾勒出一幅幅精美图画，还可以为将来学习和使用其他平面设计软件，如Coreldraw、Illustrator、Freehand等打下基础。

6.1　路径与形状的概述

6.1.1　路径

路径是Photoshop中建立矢量图形技术的代表，是设计师绘制图形时所使用的最重要的功能。构成矢量图形的轮廓就称为路径。路径可以是单条直线、曲线或由多个部分组合在一起的，也可以是开放的或封闭的。在Photoshop中使用路径绘制图形有以下优点：

（1）路径以矢量形式存在，不受图像分辨率的影响。

（2）路径的锚点、把手、线段具有很灵活的可调性，容易被调整与编辑。

归纳来说，路径的组成包括三部分：锚点、把手、线段，如图6-1所示。

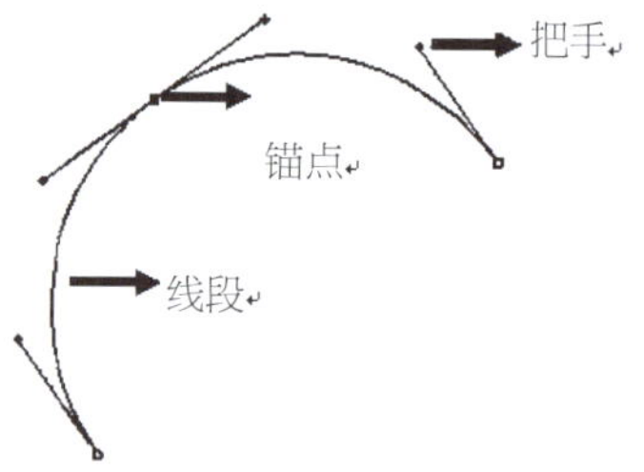

图6-1　路径

6.1.2　形状

形状是另一项在Photoshop中被频繁使用的矢量技术，Photoshop内置了六个矢量绘图工具，使用这些绘图工具可以快速、灵活地进行创作，如图6-2所示。

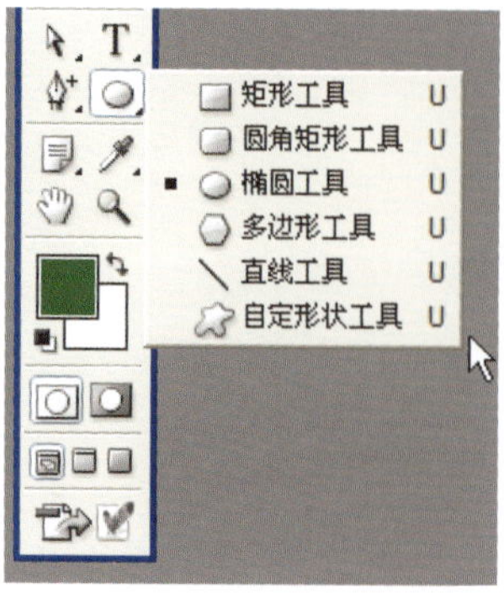

图6-2　形状工具组

6.2 路径的编辑

Photoshop提供了五个用于绘制与编辑路径的工具，分别是钢笔工具、自由钢笔工具、添加锚点工具、删除锚点工具、转换点工具。下面将以绘制路径为例，讲解各个工具的使用方法。

6.2.1 钢笔工具

钢笔工具是最基本的路径绘制工具，可以在图像中创建工作路径。首先来了解钢笔工具的选项栏，如图6–3所示。

图6–3 钢笔工具选项栏

（1）自动添加/删除：如选择此复选框，在工作路径上单击时，可以增加一个锚点；在锚点上单击时，可以删除此锚点。如不选择此复选框，则没有此功能。

（2）“路径运算”按钮：这四个按钮的功能与选框工具中的四种选取方式相同，可对路径进行相加、相减等运算操作。

下面介绍如何绘制直线路径和曲线路径，方法如下：

1. 直线路径

（1）步骤1：选择钢笔工具在图中单击鼠标，绘制第一个锚点。

（2）步骤2：移动鼠标到要建立第二个锚点的位置上单击，两点将自动连接起来。

（3）步骤3：按照步骤2中的方法依次创建其他锚点，当绘制的锚点回到第一个锚点时，在鼠标的右下角会出现一个小圆圈，表示终点已经连接到开始点，此时单击可以完成一个封闭的路径。如图6–4所示。

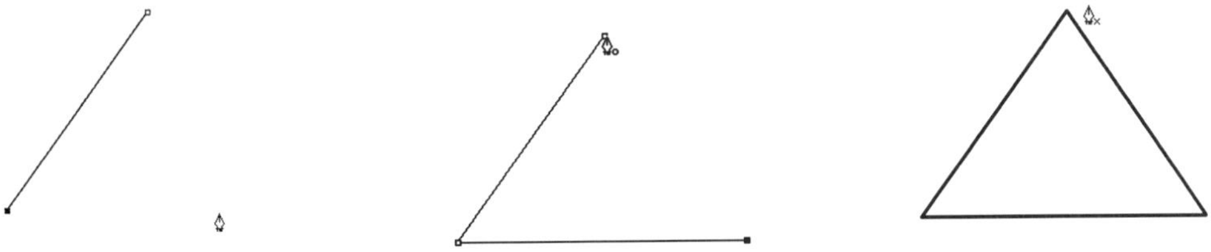

图6–4 直线路径

重点提示

要结束一个开放路径的绘制时，按住Ctrl键的同时，单击路径外任意位置即可立即结束绘制，要使绘制的路径呈水平、垂直或45度角时，在绘制时按住Shift键即可。

2. 曲线路径

（1）步骤1：选择钢笔工具，单击鼠标左键设定第一个锚点，并直接向曲线延伸的方向（切线方向）拖动，得到第一个锚点。

（2）步骤2：松开鼠标，将指针移动到下一个位置，单击并拖动鼠标，得到下一个锚点的位置和此处的切线方向。

（3）步骤3：当指针回到第一个锚点时，在鼠标的右下角出现一个小圆圈，此时单击可以得到一个封闭的路径。如图6-5所示。

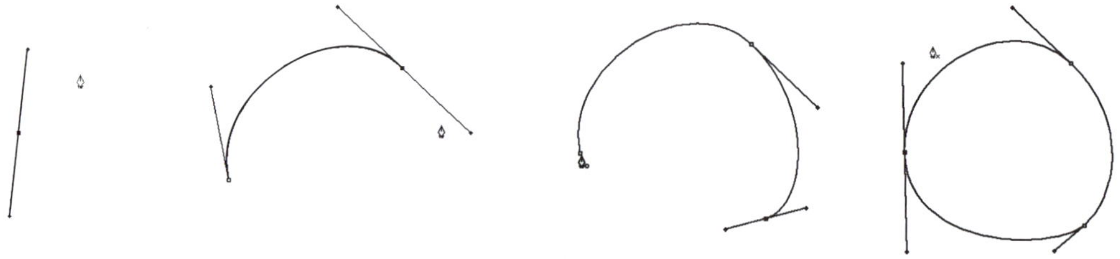

图6-5　曲线路径

重点提示

每个锚点包含三个方面的特点：①锚点的位置是确定曲线必须经过的位置；②把手的方向可以确定曲线的切线方向；③把手的长短可以确定曲线的弯曲程度。一般情况下，把手越长，曲线越平滑。

6.2.2　自由钢笔工具

选中自由钢笔工具后，其工具选项栏如图6-6所示。

图6-6　自由钢笔工具选项栏

磁性的：选中该复选框后，自由钢笔工具变成磁性钢笔工具，可以自动追踪图像的边界，与磁性套索工具的功能相似。不同的是自由钢笔工具描绘的是路径，而使用套索工具绘制得到的是一个选区。

自由钢笔工具与钢笔工具功能相同，只是建立路径的方式不同：钢笔工具是通过定义曲线上的锚点来勾勒路径的，而自由钢笔工具是通过手绘直接描绘路径的。

自由钢笔工具的使用方法与套索工具类似，在工具箱中选择自由钢笔工具后在图像中单击，并拖动鼠标直接描绘出路径，再回到起点时，鼠标右下角会出现一个小圆圈，此时释放鼠标可得到一个封闭的路径。如图6-7所示的就是使用自由钢笔工具绘制的路径。

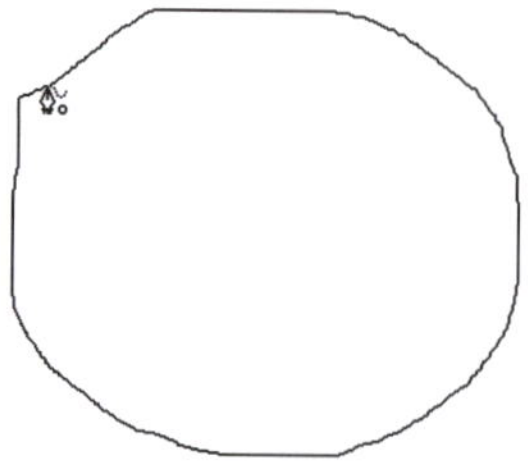

图6-7　自由钢笔工具绘制的路径

重点提示

使用磁性钢笔工具绘制路径时，注意移动光标时要始终保持光标与图像中对比度最强的边界对齐，在图像拐角位置可以单击鼠标增加锚点，如果需要删除无用锚点，则可以按Delete键删除上一个锚点。

6.2.3 添加锚点工具

选中路径后，使用添加锚点工具直接在要增加锚点的位置单击，即可增加一个锚点。

6.2.4 删除锚点工具

选中路径后，将删除锚点工具移到欲删除的锚点上，单击鼠标左键即可删除该锚点。

重点提示

如果钢笔工具选项栏中“自动添加/删除”选项处于激活状态，则可以利用钢笔工具直接添加或删除锚点。方法：首先选中该路径，然后将钢笔工具移动到欲添加锚点的路径线段上或要删除的锚点上，直接单击鼠标左键即可。

6.2.5 转换点工具

路径由直线路径和曲线路径构成，而直线路径和曲线路径又分别由直线锚点和曲线锚点连接而成。有时为了满足路径编辑的要求，需要在直线锚点和曲线锚点之间互相转换，为了达到此目的，需要使用工具箱中的转换点工具。

转换点工具的使用方法如下：

（1）曲线锚点转换为直线锚点：选中转换点工具，移动鼠标到图形中的路径锚点上单击，即可将一个曲线锚点转换为一个直线锚点。

（2）直线锚点转换为曲线锚点：选中转换点工具，移动鼠标到图形中的路径锚点上单击并拖出把手，即可调整曲线。

（3）转换把手的方向：曲线锚点有两个把手，用转换点工具单击其中一个把手的一端并进行拖拽，就可以单独调整这一端把手所控制的曲线形状，而并不影响另一端，如图6-8所示。

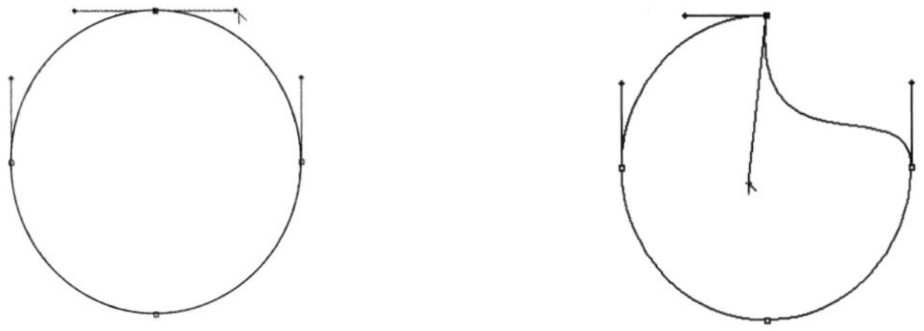

图6-8

重点提示

在使用钢笔工具时，移动鼠标指针到曲线锚点的把手上按下Alt键，则会变为转换点工具，即可对把手进行编辑。

6.3 形状的编辑

利用Photoshop中的形状工具，可以快速地创建各种形状和路径。在工具箱中的形状工具组上单击鼠标右键，将弹出如图6-9所示的形状工具。

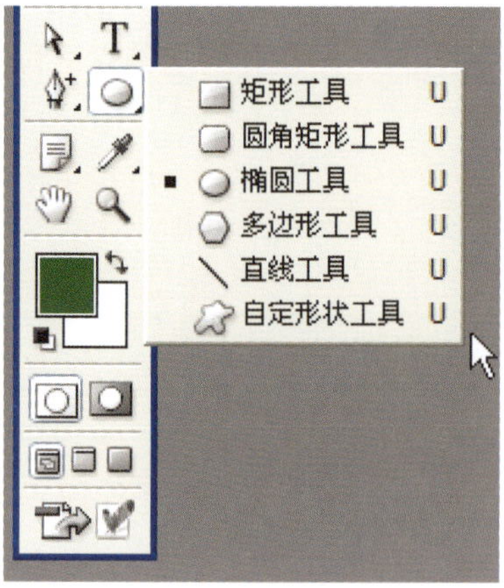

图6-9 形状工具组

选项栏如图6-10所示，选择任何一个形状工具都可以创建以下三种类型的对象：

图6-10 形状工具选项栏

（1）形状图层：选择此按钮后，将在绘制出路径的同时，新建一个形状图层，且路径内的区域被填充前景色。

（2）路径：选择此按钮后，将绘制出工作路径，并在路径面板中自动出现一个工作路径。

（3）填充像素：选择此按钮后，将直接绘制出图形并填充前景色。

重点提示

在选择钢笔工具和自由钢笔工具的情况下，“填充像素”按钮是无法选中的，因为这两个工具无法直接绘制图像。

下面对这些工具一一进行讲解。

6.3.1 矩形工具

使用矩形工具可以绘制矩形的路径或形状。使用方法：在画布上单击并拖拉鼠标即可绘出矩形。如拖拉时按住Shift键，可绘制正方形；如拖拉时按住Alt键，可绘制从中心点开始向四周扩展的矩形；如在拖拉时同时按住Shift键与Alt键，则可绘制从中心点出发的正方形。

选择矩形工具，单击形状工具选项栏右侧的下拉箭头，将弹出如图6-11所示的“矩形选项”调板，其设置含义如下：

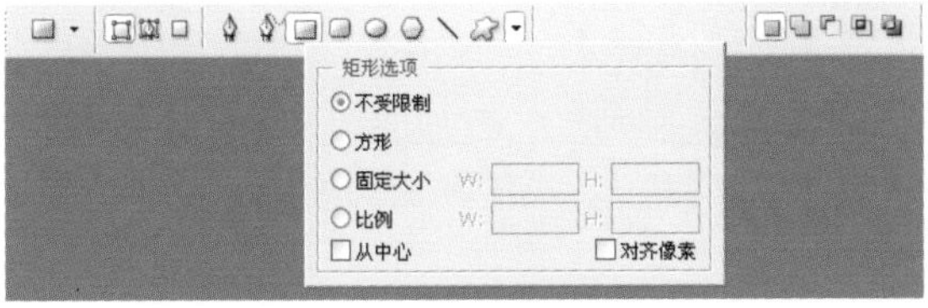

图6-11 “矩形选项”调板

（1）不受限制：可绘制任意长宽比的矩形，大小比例不受约束。

（2）方形：绘制的形状是正方形，与按住Shift键再拖拉的效果相同。

（3）固定大小：选择该选项，可在W和H框中输入宽度和高度的数值，默认单位为像素。

（4）比例：选择该选项，可在W和H框中输入矩形的长宽比。

（5）从中心：选择此复选框，绘制矩形时，光标的起点为矩形的中心点，与按住Alt键再拖拉的效果相同。

（6）对齐像素：选择此复选框，绘制的矩形边缘与像素对齐，不会出现模糊边缘。

6.3.2 圆角矩形工具

使用圆角矩形工具可以绘制出四角平滑的矩形，其操作与矩形工具相同，不同的是，圆角矩形工具多了一个“半径”选项设置，如图6-12所示。

图6-12 圆角矩形工具选项栏

用于设置四个角的“半径”，是控制圆角矩形平滑程度的参数，数值越大越平滑，参数范围为0～1 000。

6.3.3 椭圆工具

使用椭圆工具可以绘制出圆和椭圆，其使用方法和选项设置与矩形工具相同，故不再重述。

6.3.4 多边形工具

使用多边形工具可以绘制出多边形或星形，其工具选项栏如图6-13所示。

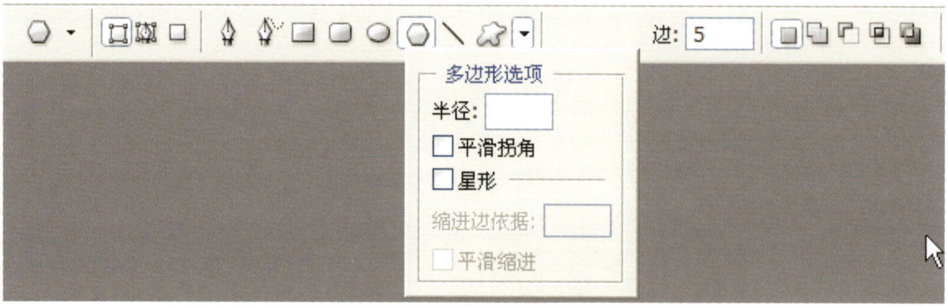

图6-13　多边形工具选项栏

（1）边：设置多边形或星形的边数，范围是3~100。

（2）半径：设置多边形的外半径，即多边形中心与顶点的距离，默认单位是毫米。

（3）平滑拐角：选择此复选框，绘制出来的多边形具有平滑的顶角，多边形的边数越多，越接近圆形，如图6-14、图6-15、图6-16所示。

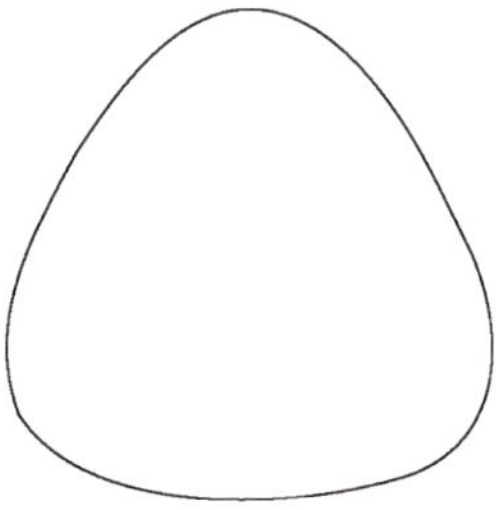

图6-14　边数为3

图6-15　边数为5

图6-16　边数为8

（4）星形：选择该选项后，可绘制顶角尖锐的星形图案，且下方的“缩进边依据”和“平滑缩进”被激活。

（5）缩进边依据：设置星形中点缩进的百分比，数值越大，星形的内缩效果越明显，如图6-17、图6-18所示。

（6）平滑缩进：选择此复选框后，可使星形平滑缩进，如图6-19所示。

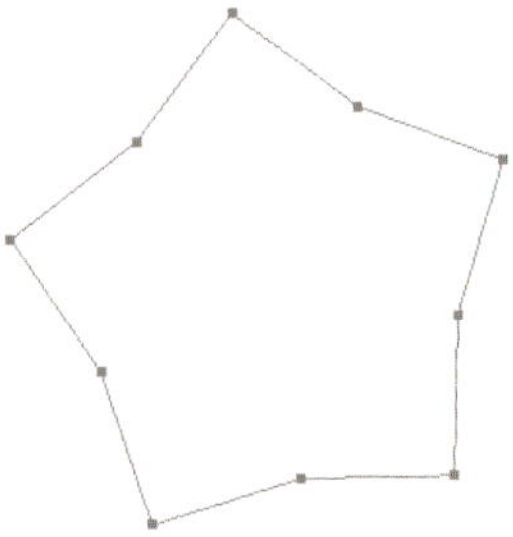

图6-17　缩进边依据10%

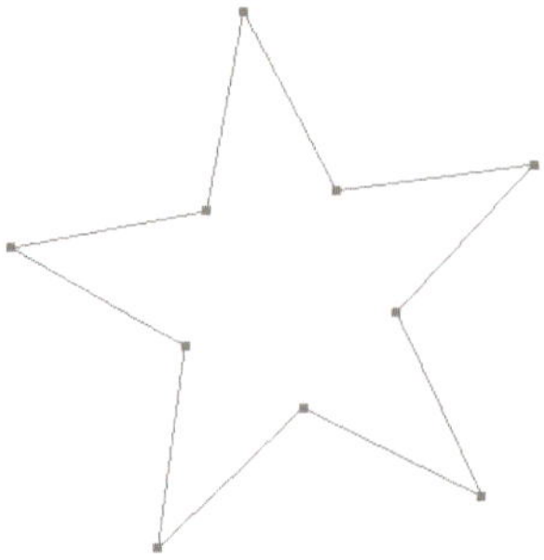

图6-18　缩进边依据50%

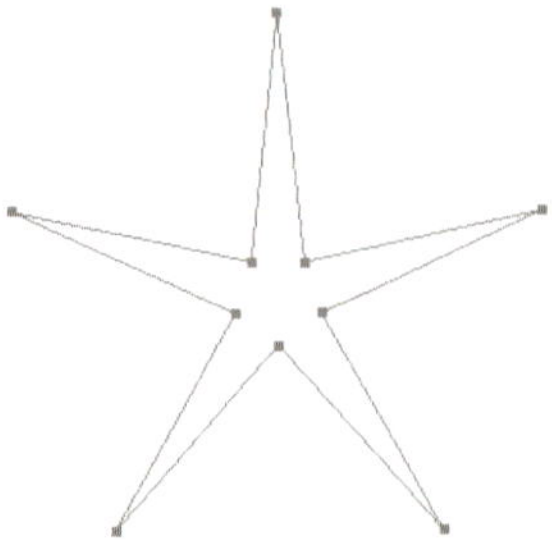

图6-19　缩进边依据80%

6.3.5 直线工具

使用直线工具可以绘制直线和箭头，使用方法与前面几个工具类似，按住Shift键可绘制水平、垂直和45度角的线段。其选项栏如图6-20所示。

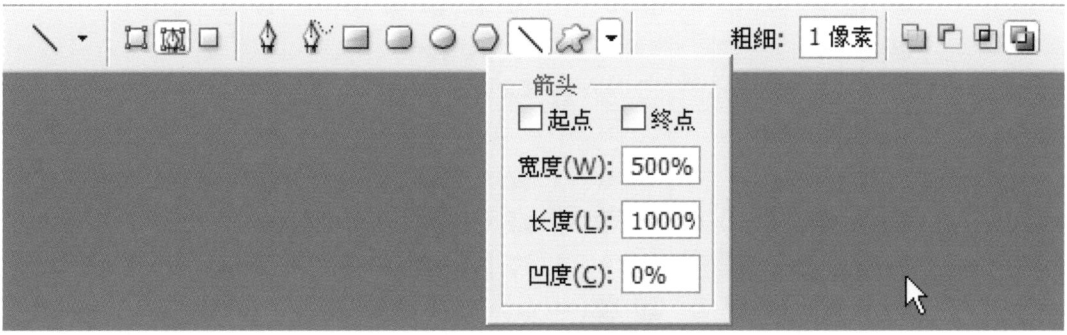

图6-20　直线工具选项栏

（1）粗细：设置直线的宽度，范围是1 ~ 1 000像素。

（2）起点：可指定在直线的起点创建箭头。

（3）终点：可指定在直线的终点创建箭头。

如同时选择起点与终点，则可在直线的两端均创建箭头。

（4）宽度：设置箭头宽度的百分比，范围是10%~1 000%。

（5）长度：设置箭头长度的百分比，范围是10%~1 000%。

（6）凹度：设置箭头向内凹陷的程度，凹度范围是-50%~50%，正值向内凹陷，负值向外凸起。

6.3.6 自定形状工具

利用自定形状工具可以绘制出形状不规则的图形，其选项栏如图6-21所示。

图6-21　自定形状工具选项栏

形状：用于选择所需要的形状，单击其右侧的三角形按钮，将出现形状列表，储存着可供选择的预设形状，如图6-22所示。

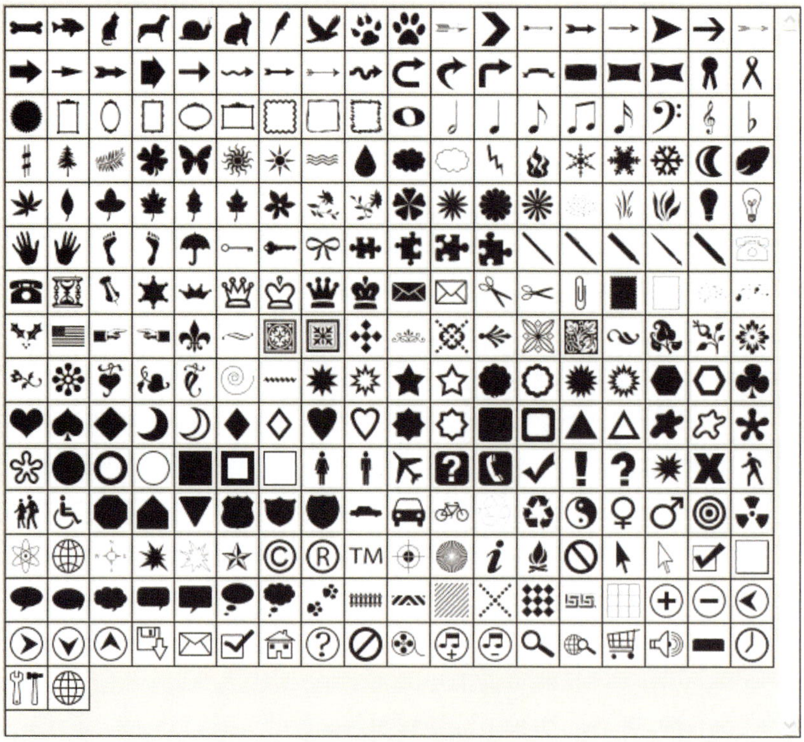

图6-22 预设形状汇总

6.3.7 创建自定义形状

如果形状面板中没有合适的形状，可以自己绘制图形并保存在自定义形状面板里，其具体操作步骤如下：

步骤1:

用钢笔工具绘制想要的路径，如图6-23所示。

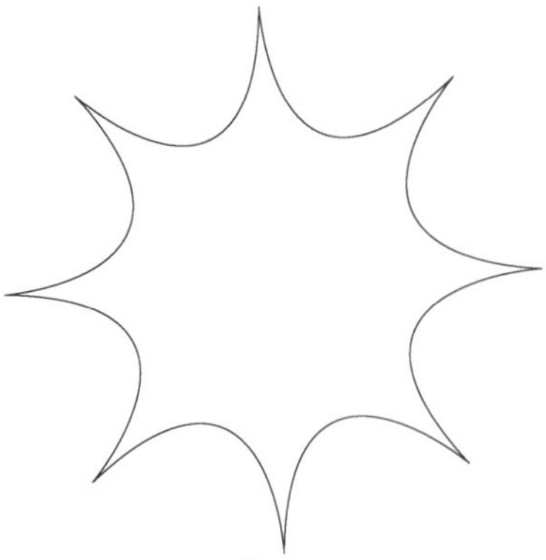

图6-23

步骤2:

选中该路径，选择“编辑”菜单下的“定义自定义形状”命令，在弹出的对话框中输入形状名称，然后单击“好”按钮，如图6-24所示。

图6-24

步骤3:

选择自定形状工具，在其工具选项栏中打开形状列表，可看到刚才定义的形状已保存在面板下方，如图6-25所示。

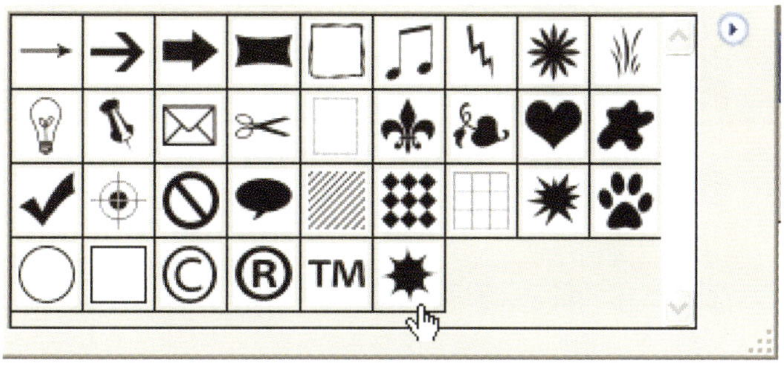

图6-25　形状列表

步骤4:

在形状菜单中执行“存储形状”命令，把目前的形状组以文件形式储存起来，否则在载入其他组后，此形状将会丢失。

步骤5:

在下次要使用该形状时，只要执行形状菜单中的“载入形状”命令，对话框中就会打开先前储存的文件。

重点提示

在使用以上形状工具组时，在鼠标左键未释放的情况下，按住空格键拖动可以移动图形的位置。

6.4　路径与形状的共性操作

在编辑路径时，与其相关的操作几乎完全集中在路径面板和路径选择工具上，如保存路径、隐藏路径以及选择路径的锚点等操作都需要选择工具和路径面板，而路径与形状又有着紧密的联系。下面讲解的针对路径的操作也同样适用于形状的操作。

6.4.1　选择工具

如果对路径中锚点的位置不满意，可以通过路径选择工具进行调整。Photoshop提供了两种用于选择路径的工具，分别是路径选择工具和直接选择工具，如图6-26所示。

图6-26　路径选择工具

1. 路径选择工具

路径选择工具用于选择一条或多条路径，并对路径进行移动、组合、对齐、分布和变形等。路径选择工具选项栏如图6-27所示。

图6-27　路径选择工具选项栏

路径选择工具的使用方法如下：

（1）移动路径：选择要移动的路径并拖动到需要的位置即可，按住Alt键拖动路径可复制一条路径。

（2）变换路径：选中路径选择工具，执行“编辑”菜单下的“自由变换路径”命令，即可对路径进行自由变换，其操作跟变换图像一样，如图6-28所示。

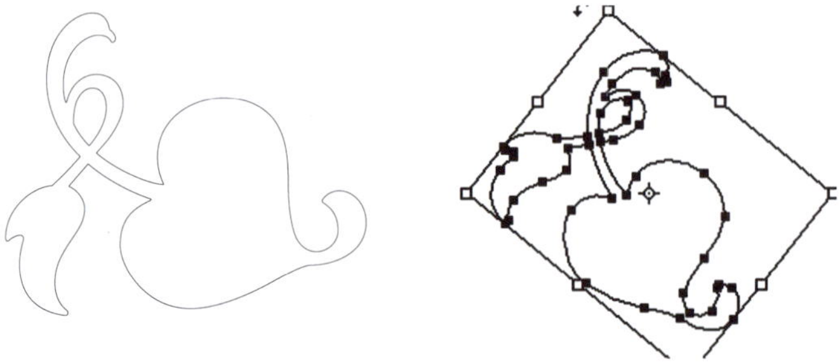

图6-28

2. 直接选择工具

与路径选择工具不同，直接选择工具能选中路径的锚点、把手、线段。如图6-29所示，使用直接选择工具在路径上单击，路径上的锚点呈现为空心的小正方形，如对其中一锚点单击，则被选中的锚点显示为黑色实心的小正方形，即可对该锚点进行移动。如按住Shift键单击其他锚点，则可选择多个锚点。

图6-29

重点提示

如果当前使用的是直接选择工具，只需按住Alt键单击路径，即可将整条路径选中；如果当前使用的是直接选择工具或路径选择工具，则只要按住Ctrl键单击鼠标左键，即可在这两个工具之间进行切换。

6.4.2 路径面板

选择“窗口”菜单的“路径”命令，可打开路径面板，在创建路径或形状后，该面板才会显示相关信息，如图6-30所示。

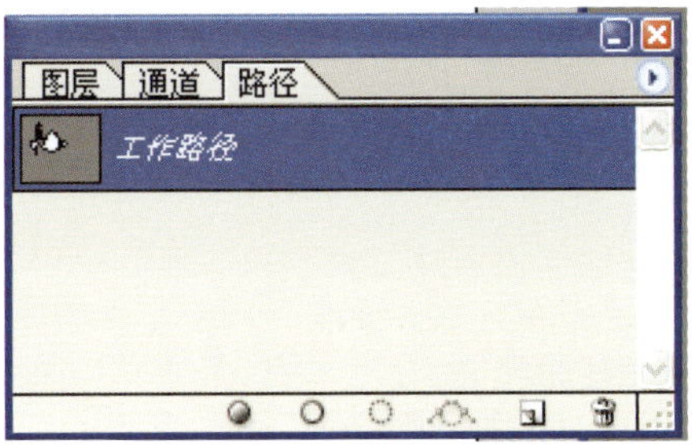

图6-30 路径面板

1. 建立和保存路径

单击路径面板底部的“创建新路径”按钮，即可建立一个空白路径层。

在绘制新路径时，Photoshop会自动创建一个“工作路径”，该路径是临时的，必须保存才可永久地保留下来。

如要保存“工作路径”，可双击“工作路径”的名称，在弹出的对话框中单击“确定”即可，如图6-31、图6-32所示。

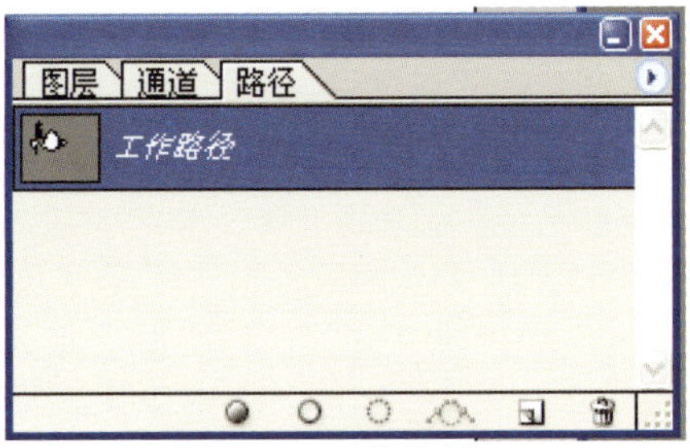

图6-31 工作路径

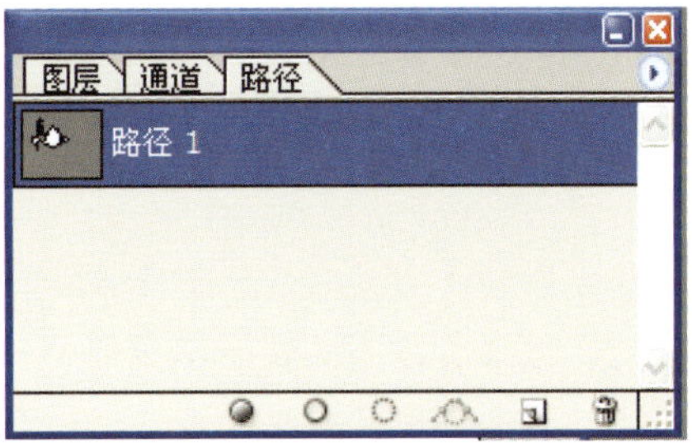

图6-32 保存路径

重点提示

对未保存过的“工作路径”的名称进行双击，则可保存该路径；而对已保存过的路径的名称进行双击，则显示可输入状态，可对路径名称进行更改。

2. 显示和隐藏路径

当路径处于隐藏状态时，在路径面板中单击路径层，即可显示该路径；如要隐藏该路径，只要在路径面板的空白区域单击即可，如图6-33、图6-34所示。

图6-33　显示路径

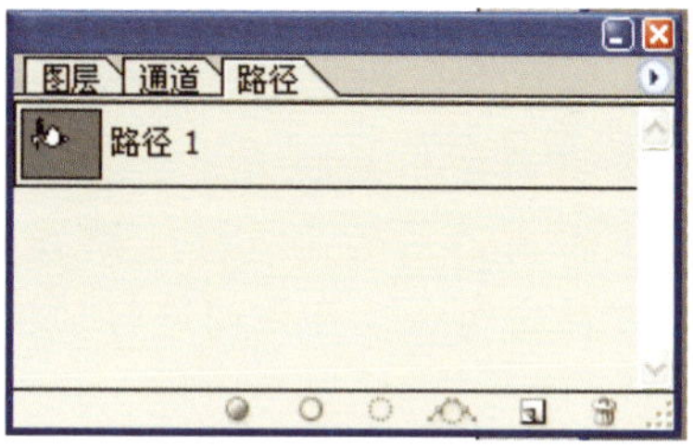

图6-34　隐藏路径

3. 删除路径

（1）选择要删除的路径，按下Delete键即可。

（2）选择要删除的路径层，单击路径面板底部的“删除当前路径”按钮，在弹出的对话框中单击“确定”即可。

（3）选择要删除的路径层，并将其拖拉到路径面板底部的“删除当前路径”按钮上即可。

4. 复制路径

（1）用路径选择工具选中要复制的路径，按住Alt键并拖动到其他位置上即可。

（2）在路径面板上将要复制的路径层拖到“新建路径”按钮上，则可复制该路径层中的所有路径，如图6-35所示。

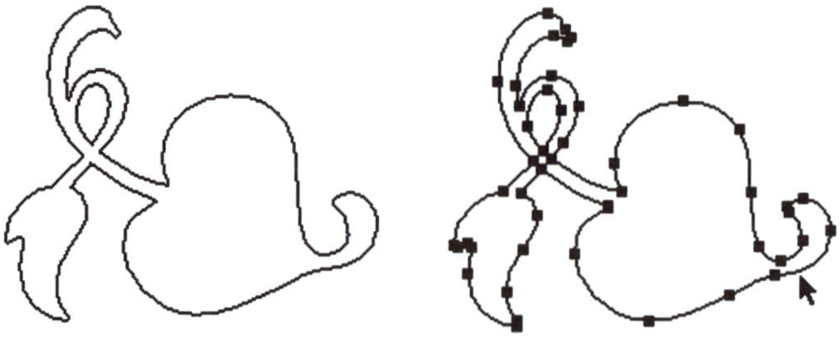

图6-35

6.5 路径与选区的互相转换

6.5.1 将选区转换为路径

主要有两种方法：

（1）得到要转换的选区后，在路径面板中单击“转换为路径”按钮即可，如图6-36所示。

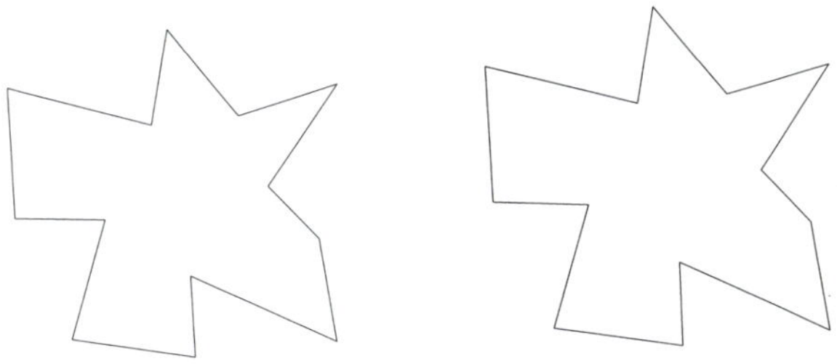

图6-36

（2）得到要转换的选区后，按住Alt键单击“路径”按钮，在弹出的对话框中输入“容差”值后单击“确定”即可。容差值范围是0.5～10像素，其数值越小，路径上的锚点越多，形状越接近选区，如图6-37所示。

图6-37 容差值分别为2与0.5的对比图

6.5.2 将路径转换为选区

主要有两种方法：

（1）选择路径后，在路径面板中单击“选区载入转换为选区”按钮即可。

（2）选择路径后，按住Alt键单击“选区载入建立选区”按钮或在面板右侧三角形按钮弹出的菜单中选择“建立选区”命令，如图6-38所示。

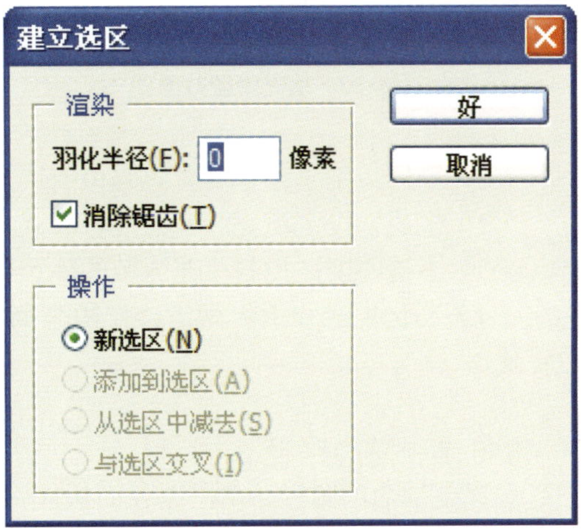

图6-38 “建立选区”对话框

① 羽化半径：定义羽化边缘在选区边框内外延伸的距离，范围是0～25像素。

② 消除锯齿：选择此复选框可使得到的选区边缘光滑。

如当前图像已存在选区，则操作区域中的选项被激活，在此可指定新建立的选区与原有选区如何运算。

③ 新选区：选择此项，新选区替代原有选区。

④ 添加到选区：选择此项，新选区与原有选区结合为一个整体，结果是二者的范围之和。

⑤ 从选区中减去：选择此项，从原有选区范围中减去新选区。

⑥ 与选区交叉：选择此项，新选区与原有选区进行交集，结果是二者的公共部分。

重点提示

可以按住Ctrl键，单击路径面板中的“路径名称”，或按住Ctrl+Enter键直接将路径转换为选区。需要注意的是，这两种方法都是直接将当前路径层中显示的所有路径同时转换为选区，而如果要将当前路径中的一部分转为选区，可在选中该路径后，单击路径面板底部的“选区载入”按钮。

6.6　路径的填充与描边

6.6.1　填充路径

选中路径，单击路径面板底部的“填充路径”按钮，即可将该路径以当前的前景色作为填充颜色。如要改变填充的参数，可单击按钮或从路径面板右侧三角形弹出菜单中选择“填充路径”命令，如图6-39、图6-40所示。

图6-39　填充路径效果图

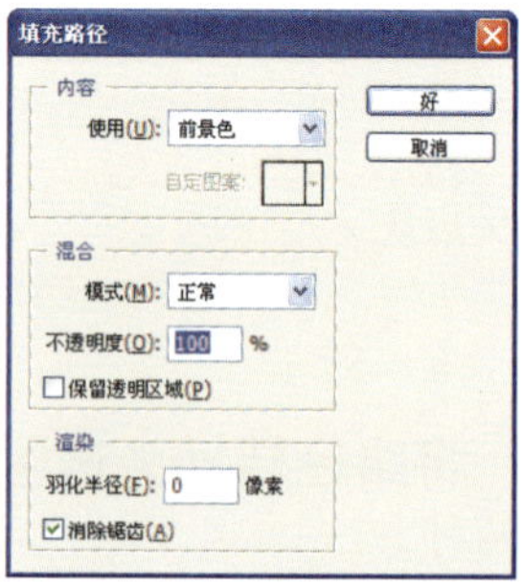

图6-40　“填充路径”对话框

（1）使用：用于设置填充内容，有前景色、背景色、图案和历史状态等选项。

（2）模式：设定填充区域的混合模式，与图层混合模式类似。

（3）不透明度：控制填充区域的不透明度。

（4）羽化半径和消除锯齿：作用与前面“建立选区”对话框中的意义相同，在此不再重述。

6.6.2　描边路径

选择要描边的路径，单击路径面板底部的“描边路径”按钮，以默认设置进行描边。如要对描边进行设置，可按住Alt键单击 “描边路径”按钮，在弹出的“描边路径”对话框中选择使用的工具即可，如图6-41、图6-42所示。

图6-41 描边路径效果图

图6-42 “描边路径”对话框

重点提示

在“形状图层”的情况下，“填充路径”与“描边路径”按钮不能操作，必须在图层面板中新建的一个图层或背景中，建立的路径才能执行路径的填充与描边。

6.7 实例 绘制卡通插画

绘制如图6-43所示效果。

步骤1:

按Ctrl+N键新建一个大小为425×510像素、分辨率为72像素/英寸、颜色模式为RGB、背景内容为白色的文件，如图6-44所示。

图6-43

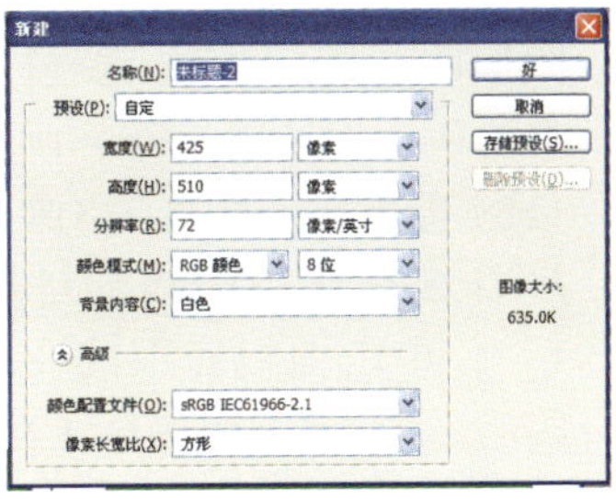

图6-44

步骤2:

首先绘制卡通形象的“脸”的部分。把前景色设置为R40、G150、B15，选择椭圆工具，其选项栏中选择“形状图层”按钮，在图中绘制如图6-45所示的椭圆形。

图6-45

图6-46

步骤3:

使用路径选择工具按住Alt键向左上方拖动刚才绘制的椭圆形，得到其复制对象。在选项栏中选择“从形状区域减去”按钮，得到的效果如图6–46、图6–47所示。

图6–47

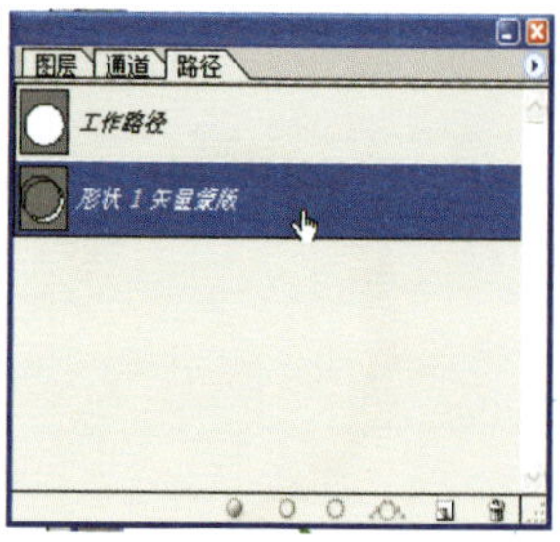

图6–48

步骤4:

在路径面板中双击“形状1矢量蒙版”，在弹出的对话框中单击“确定”，得到其复制的新路径层“路径1”，删除其中左上方的一个椭圆路径，如图6–48至图6–51所示。

选择图层面板，新建一个图层叫“图层1”，设置前景色为R10、G110、B0，画笔工具的笔画大小设置为8像素，接着选择路径面板的“路径1”，单击面板底部的“描边路径”按钮，如图6–52、图6–53、图6–54所示。得到的效果如图6–55所示。

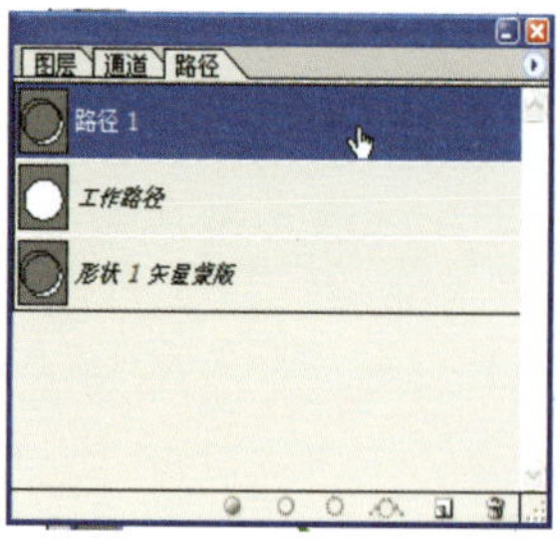

图6–49

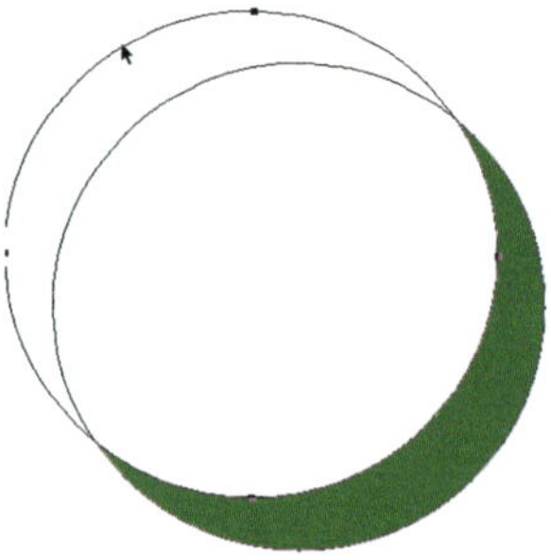

图6–50

图6–51

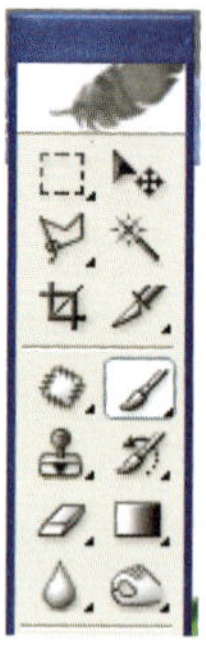

图6–52

图6–53

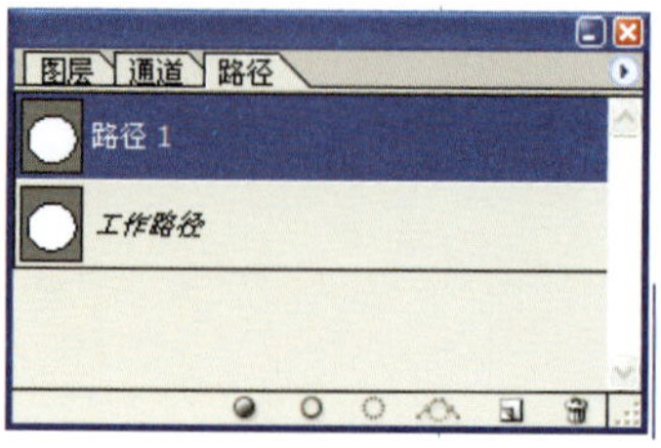

图6–54

图6–55

步骤5:

在图层面板中选择背景层，单击“新建图层”按钮新建“图层2”，设置前景色为R135、G215、B40，接着选择路径面板中的“路径1”，如图6-56所示，单击路径面板底部的“填充路径”按钮，得到如图6-57所示效果。

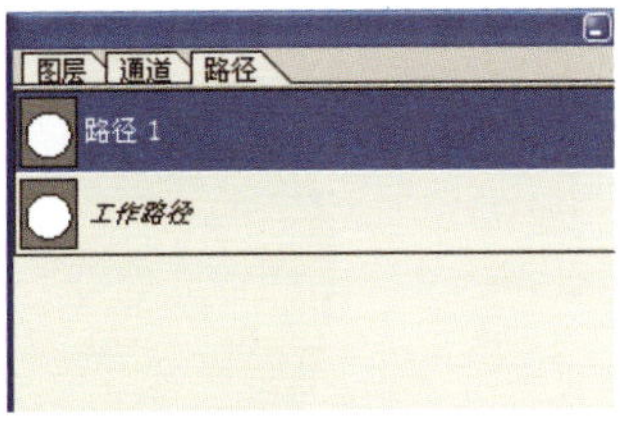

图6-56

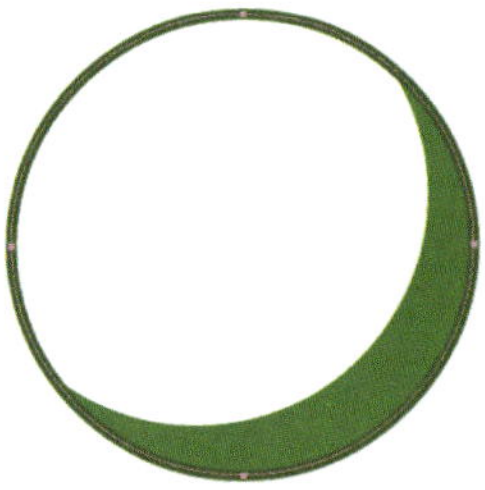

图6-57

步骤6:

接下来绘制“嘴”的部分。新建“图层3”，前景色设置为R10、G110、B0，选择钢笔工具，在其选项栏中选择“路径”按钮，在路径面板中新建“路径2”，绘制如图6-58所示的路径。

单击路径面板底部的“描边路径”，得到如图6-59所示效果。

图6-58

图6-59

步骤7:

绘制“眼睛”的部分。新建“图层4”，前景色设置为R10、G110、B0。选择椭圆工具，在其选项栏中选择“路径”按钮，在路径面板中新建“路径3”，绘制如图6-60所示的两个椭圆。按照步骤4和步骤5的方法，分别对两个椭圆进行“描边路径”和“填充路径”，得到如图6-60所示效果。

图6-60

图6-61

步骤8:

在选项栏中选择“形状图层”按钮，前景色设置为黑色，如图6-61所示，绘制出两个眼珠。

步骤9:

绘制“眉毛”的部分。按照步骤6的方法，选择钢笔工具，先绘制两段眉毛的路径，然后执行“描边路径”，为眉毛上色，所得效果如图6-62所示。

图6-62

图6-63

步骤10:

最后绘制“手”和“脚”的部分。选择椭圆工具，在其选项栏中选择“形状图层”按钮，前景色设置为R10、G110、B0，绘制一个椭圆形，按住Ctrl+T键，旋转椭圆形，如图6-63、图6-64所示，并移动到如图6-65所示的位置。

接着用相同的方法分别绘制出右边的手和下方的两只脚。所得效果如图6-66所示。

图6-64

图6-65

图6-66

如图6-67、图6-68所示的两幅插图是利用路径与形状的功能绘制而成的。

图6-67

图6-68

6.8 练习

1. 选择题

（1）当使用钢笔绘制曲线路径时，按住哪个键可暂时切换到转换点工具？（　）

A．Ctrl键　　B．Alt键

C．Shift键　　D．Alt+Shift键

（2）当使用椭圆工具绘制时，如果同时按住哪个键，可绘制正圆形？（　）

A．Ctrl键　　B．Alt键

C．Shift键　　D．Alt+Shift键

（3）如果当前使用的是路径选择工具，只要按住哪个键并单击鼠标左键，即可切换成直接选择工具？（　）

A．Ctrl键　　B．Alt键

C．Shift键　　D．Alt+Shift键

2. 问答题

（1）一条路径是由哪些元素构成的？

（2）形状工具有多少种？分别是哪些？

（3）怎样创建自定义形状？

3. 操作题

（1）用钢笔工具勾勒出如图6-69所示的花的轮廓，并保存。

（2）用钢笔工具勾勒出如图6-70所示的标志，并保存。

图6-69

图6-70

第7章　Photoshop文字

Photoshop除了有优秀的图形图像处理功能外，还有优秀的文字处理和编排功能。平面广告设计、海报制作都会用到文字来进行排版。掌握各种文字工具的使用方法、掌握如何创建点文字和段落文字、掌握文字图层的特性和使用方法、了解并掌握“字符”调板和“段落”调板的使用方法、了解并掌握制作文字弯曲效果的方法、熟练地运用文字工具进行各类文字效果的设计和制作等，对设计者来说十分重要。

7.1　Photoshop中文字的特性

不同的学科对文字有不同的定义。在Photoshop中文字是由数学上定义的形状组成的，这些形状描述了字母、数字与符号。在Photoshop中，文字是像素组成的文字，这也就是用Photoshop打印出来的小字总是比较模糊的原因。在平面设计中，文字一直是不可缺少的元素，好的文字布局和设计有时会起到画龙点睛的作用。对于商业平面作品而言，文字更是不可缺少的内容，只有通过文字的点缀和说明，才能清晰、完整地表达出作品的含义。Photoshop中提供了四种用于输入文字的工具，使用不同的工具可以输入不同字体的不同排列方式和形状。下面将讲解输入文字的各种方法及文字间进行转换的方法。

7.2　输入文字

7.2.1　横排文字

在工具箱中选择文字输入工具，然后在图像上单击鼠标，出现闪动的光标，直接输入文字即可。在文本的排列方式中，横排是最常使用的一种方式。在输入文字前，要对文字属性进行格式设置，这首先在工具选项中完成。在工具箱中选择横排文字工具，此时工具选项如图7-1所示。

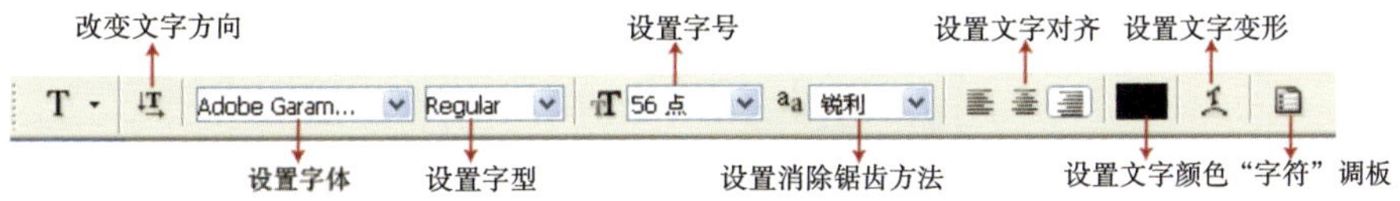

图7-1　“文字属性”调板

（1）改变文字方向（直排或横排）：单击此按钮可以使文字在横排与直排之间进行切换。

（2）设置字体：选择文字的字体。

（3）设置字型：选择文字的特殊样式，如倾斜、加粗等。

（4）设置字号：选择文字的大小。

（5）设置消除锯齿方法：选择文字锯齿的消除方法。

（6）设置文字对齐：可以选择三种对齐方式。

（7）设置文字颜色：单击此图标，在弹出的“拾色器”对话框中选择文字颜色。

（8）设置文字变形：单击此按钮，在弹出的对话框中设置适当参数，可以制作变形的文字效果。

（9）“字符”调板：单击此按钮可以控制“字符”及“段落”调板的显示或隐藏。

选择横排文字工具在页面中单击出现文本光标（也可以单击文字光标在页面中拖动），然后在光标闪动处输入文字，如图7-2所示。输入文字时，在工具选项条的右侧会出现“提交”按钮与“取消”按钮。单击“提交”按钮将提交当前所有编辑确认的文字，如图7-3所示。创建一个文字层，文字层的名称即为刚才输入的文字，如图7-4所示。单击“取消”按钮，则取消当前操作。

图7-2　在光标闪动处输入文字

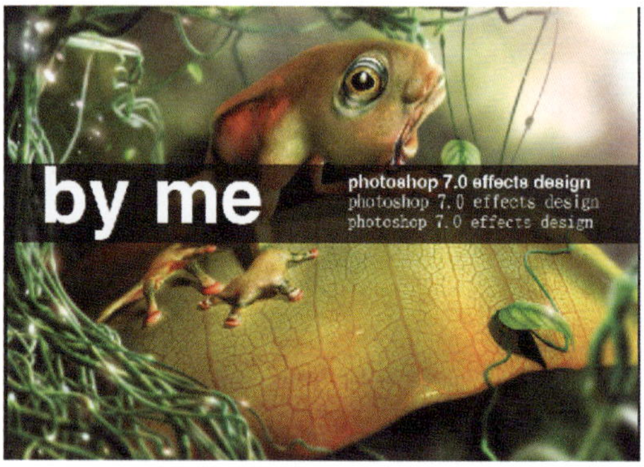

图7-3　输入文字后提交

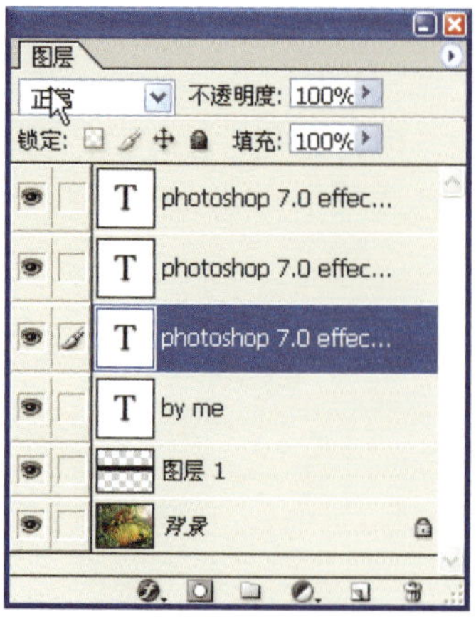

图7-4　创建文字层

图7-5所示为输入横排文字制作的书籍封面设计作品。

图7-5　横排文字设计作品

7.2.2　直排文字

直排文本创建的方法与创建横排文本相同，单击横排文字工具后，在隐藏工具中选择直排文字工具，然后在页面中单击并在光标后面输入文字，则文本呈竖向排列，如图7-6、图7-7所示。

图7-6　直排文字输入

图7-7　图层面板中的文字图层

图7-8所示为竖排文字设计的封面作品。

图7-8　竖排文字设计作品

7.2.3　横排文字蒙版工具

在工具箱中选择横排文字蒙版工具后，在图像中单击鼠标，这个时候出现红色蒙版，效果如图7-9、图7-10所示。

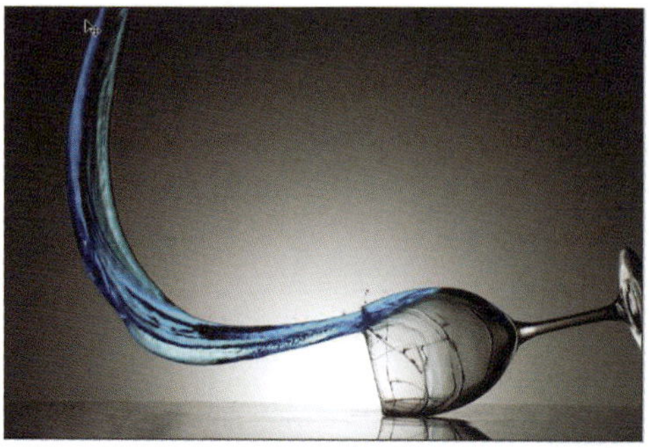

图7-9　素材

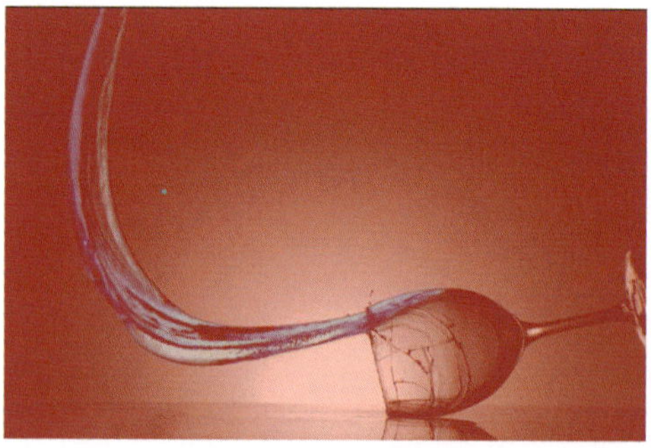

图7-10　红色蒙版

在图像中输入文字，单击“提交”按钮将提交当前所有编辑确认的文字，创建一个文字层。文字层的名称即为刚才输入的文字，如图7-11所示。这个时候可以得到文字形状的选区，如图7-12所示。

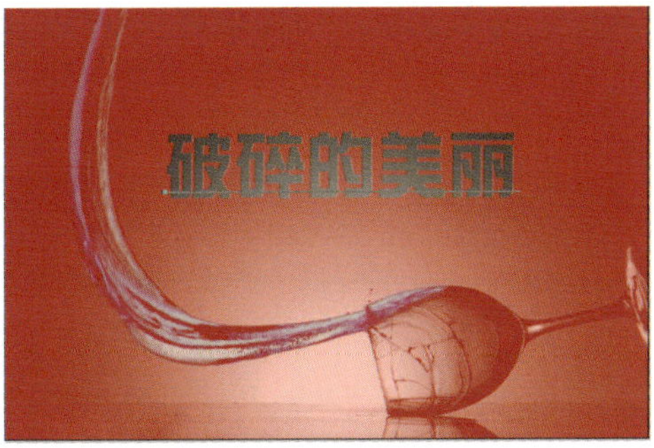

图7-11 输入完整文字

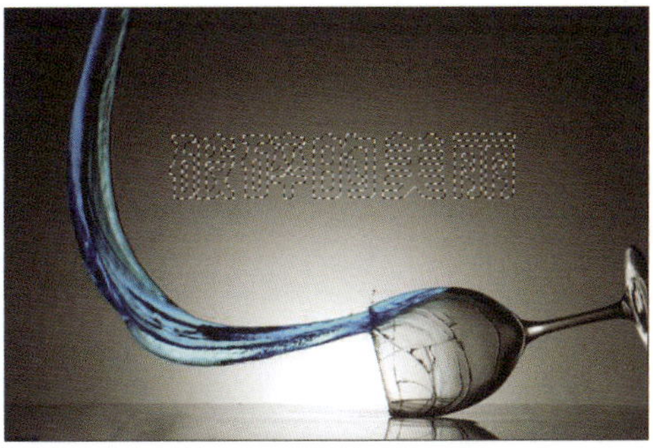

图7-12 得到文字选区

此选区与使用矩形选框工具等其他选择工具所创建的选区除形状不同外，其他属性完全相同，因此可以将其作为普通选区进行操作。将得到的选区填充土黄色，得到如图7-13的效果。

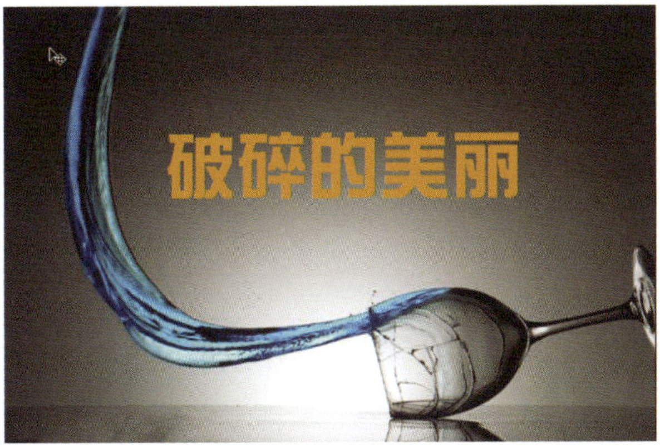

图7-13 对文字选区进行填充

7.2.4 直排文字蒙版工具

直排文字蒙版工具的使用与横排文字蒙版工具的使用基本相同，图7-14所示为使用直排文字蒙版工具输入的文字选区，填充了灰色后，效果如图7-15所示。

图7-14 文字选区

图7-15 填充后的效果

图7-16所示为对此文字选区进行平滑4个像素、羽化2个像素的编辑操作后的效果，再次填充灰色后的效果，如图7-17所示。

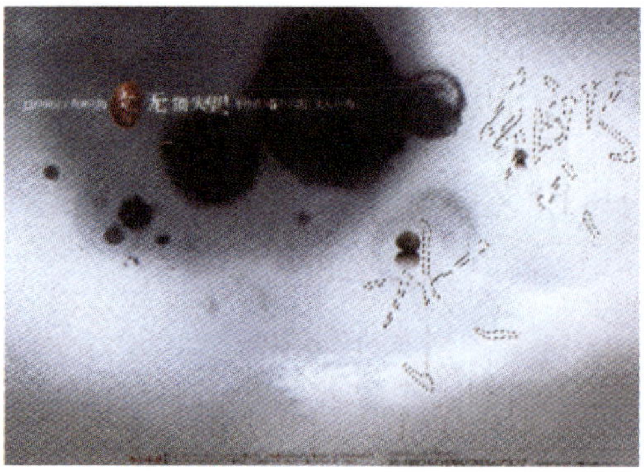

图7-16　羽化后的文字选区

图7-17　羽化后的填充效果

7.3　编辑文字

7.3.1　字符格式

“字符”调板集中了非常丰富的文字格式功能，可以很容易地制作出丰富、美观的文字排列效果。

只有掌握了设置文字属性的方法及设置段落属性的相关操作后，才能自如地对文字进行各类设计。选中要设置格式的文字所在图层，或使用文字工具将要设置格式的文字选中，打开“字符”调板，进行所需要的种类参数设置，如图7-18所示。

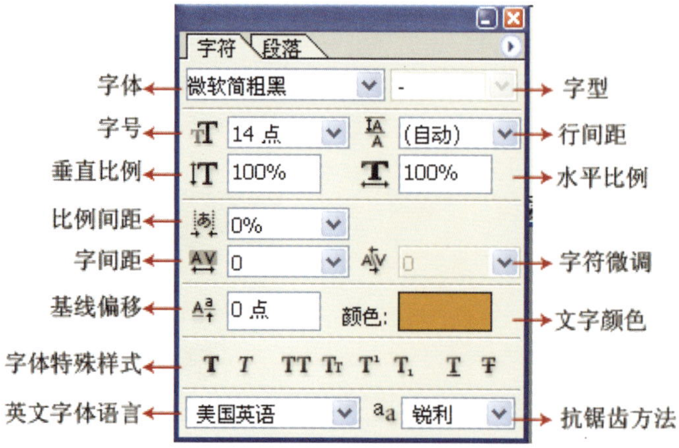

图7-18　“字符”调板

“字符”调板的面板中有很多参数与前面讲解的文字工具选项中的相同，如字体、字号、字型以及文字颜色等。下面将对前面没有涉及的参数含义进行详细讲解。

（1）行间距：在此数值框中输入数值，或在下拉列表中选择一个数值，可以设置两行文字之间的距离，数值越大行间距越大。如图7-19、图7-20所示就是同一段文字应用不同行间距后的效果。

图7-19　行间距较密

图7-20　行间距较疏

（2）垂直比例：在此数值框中输入百分比，可以调整文字垂直方向上的比例。

（3）水平比例：在此数值框中输入百分比，可以调整文字水平方向上的比例。

（4）比例间距：按指定的百分比值减少字符周围的空间。向字符添加比例间距时，字符两侧的间距按相同的百分比减少。

（5）字间距：只有选中文字时此参数才可用，此参数控制所有选中文字的间距，数值越大间距越大。

（6）字符微调：仅在文字光标插入文字中时，字符微调参数才被激活。在数值框中输入数值，或在下拉列表中选择一个数值，可以设置光标与前一个字符的距离。

图7-21所提供的平面设计作品是文字和编排运用比较优秀的范例。

图7-21　优秀作品中文字元素的重要性

7.3.2 段落文字

文字是平面设计中的重要元素，如果熟练掌握了段落文字工具，恰到好处地使用段落属性能够大大增强文字的可读性与美感。下面就通过实例来讲解Photoshop中设置段落属性的方法。

首先打开“段落”调板，用文字工具在要设置段落属性的文字中单击插入光标。如果要一次性设置多段文字的属性，则用文字光标选中这些段落中的文字。设置好属性后单击工具选项条中的按钮确认，如图7-22所示。

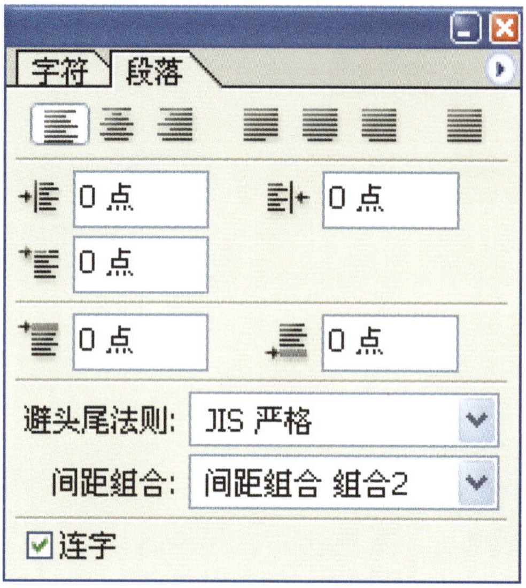

图7-22 “段落”调板

“段落”调板中各参数的含义如下：

（1）文字对齐方式：单击其中的选项，选中所要的对齐方式，如图7-23、图7-24、图7-25所示为图像中的一段文字分别运用三种不同的对齐方式所得到的不同效果。

图7-23 左对齐效果

图7-24 居中对齐效果

图7-25 右对齐效果

（2）左缩进值：设置当前段落的左侧相对于左定界框的缩进值。如图7–26所示为将此数值设置为5点后的效果。

图7-26　左缩进效果

（3）右缩进值：设置当前段落的右侧相对于右定界框的缩进值。
（4）首行缩进值：设置选中段落的首行相对其他行的缩进值。
（5）段前间距：设置当前段落与上一段落之间的垂直间距。
（6）段后间距：设置当前段落与下一段落之间的垂直间距。

7.4　变形文字

除了文字排列基本方式，还可以制作许多变形文字效果，如文字变形、文字沿路径绕排等。在完成文字变形后，还可以继续设置文字的字符及段落属性。下面就详细讲解这几种特殊文字编排的操作方法。

7.4.1　扭曲文字

可以利用变形文字功能制作更为丰富的文字效果。下面通过实例来进行讲解。
（1）打开素材文件，如图7–27所示，对图像中的文字制作扭曲变形效果。

图7-27　要变形的文字

（2）单击“图层”调板中的文字层为当前操作层，并选择文字工具将光标插入要变形的文字中。

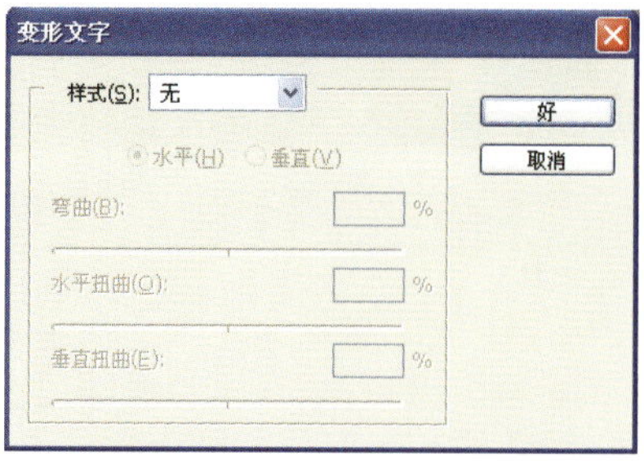

图7-28　“变形文字”对话框

（3）选择“样式”按钮，在弹出的菜单中选择“扇形”变形样式后，“变形文字”对话框中的参数被激活，设置参数如图7-28所示。

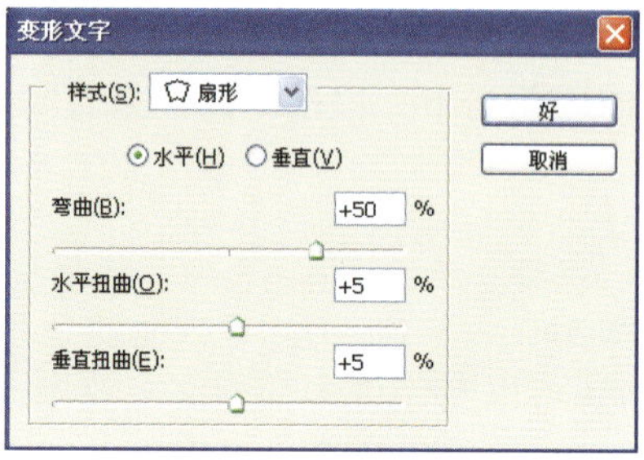

图7-29　设置参数

（4）得到变形文字效果，如图7-30所示。

图7-30　变形文字后的效果

（5）单击“确定”按钮，确认变形效果。

图7-31所示为应用变形文字效果的设计。

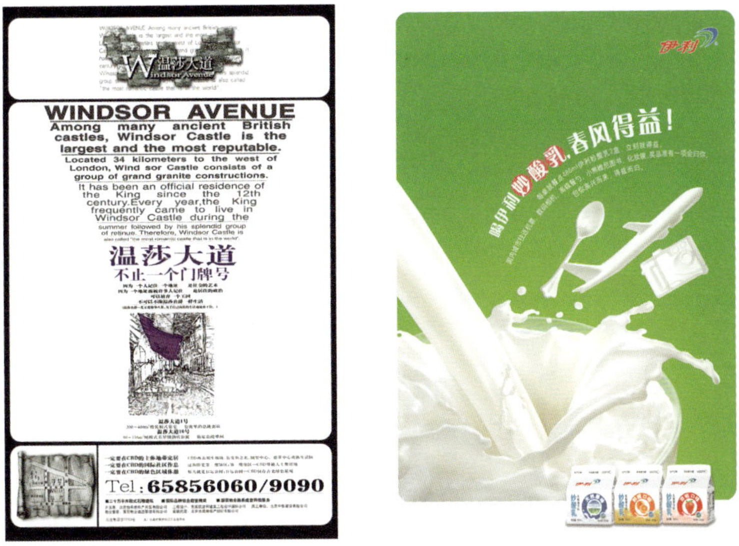

图7-31 一些应用变形文字的效果

7.4.2 沿路径绕排文字

文字沿路径绕排在平面广告设计、版面编排设计中，能制作出更为丰富的文字排列效果，使文字的排列形式不再是单调的水平或垂直文字排列形式，而是各种曲线形状，层次更加丰富。下面就讲解关于创建及编辑沿路径绕排文字的方法，如图7-32所示。

（1）打开素材，如图7-33所示。

（2）单击钢笔工具并在工具选项上选择“路径”，在图像中绘制如图所示的曲线路径。打开“路径”调板，将当前的“工作路径”保存为“路径”，如图7-34所示。

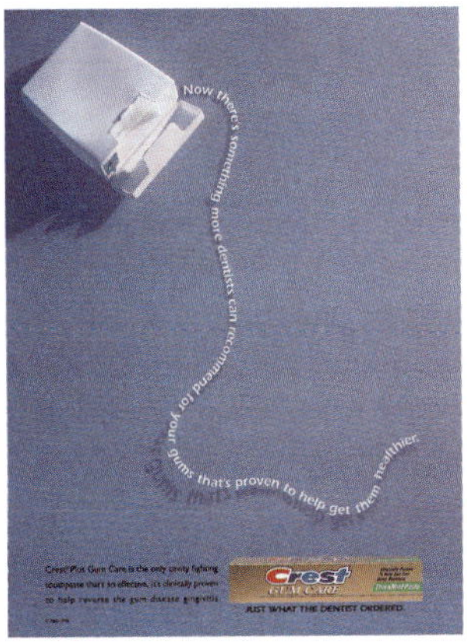

图7-32 沿路径绕排后的效果

图7-33 原图像

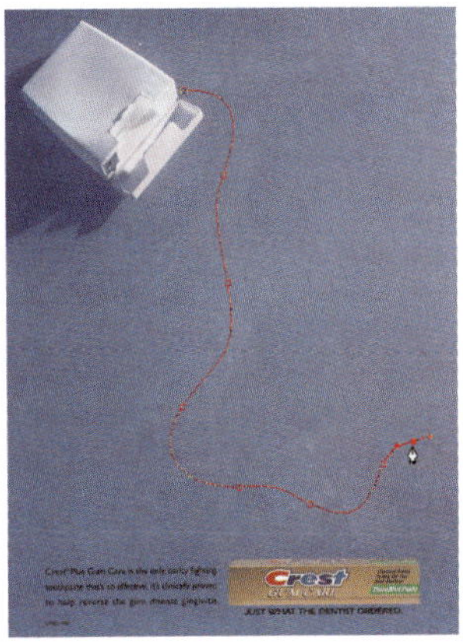

图7-34 绘制路径

（3）设置前景色为白色，选择横排文字工具，在工具选项栏中设置合适的字型和字体大小，在路径左侧端点上单击插入光标，如图7-35所示。

（4）在光标中输入“Now there's something more dentists can recommend for your gums that's proven to help get them healthier”文字，得到一个对应的文字图层，如图7–36所示。

（5）选择文字图层，在图层面板中添加“图层样式”，在弹出的菜单中选择“投影”，设置弹出的对话框，得到如图7–37所示效果。

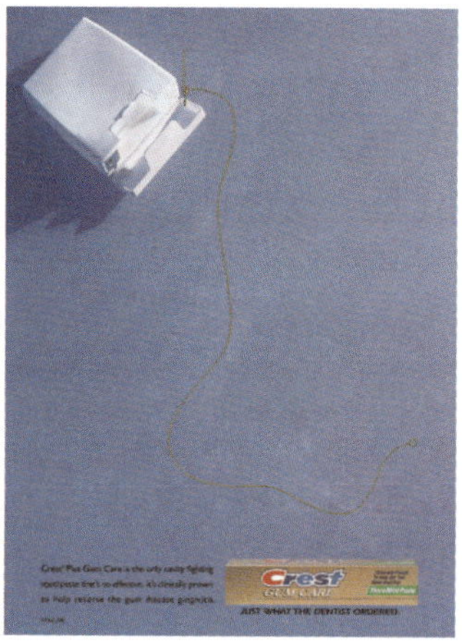

图7–35　插入文本光标

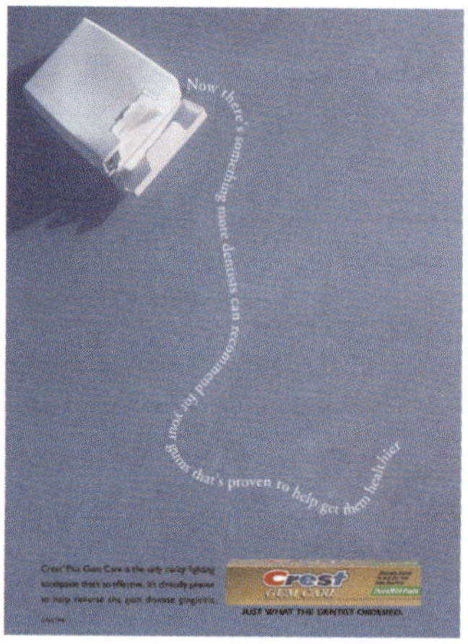

图7–36　输入文字

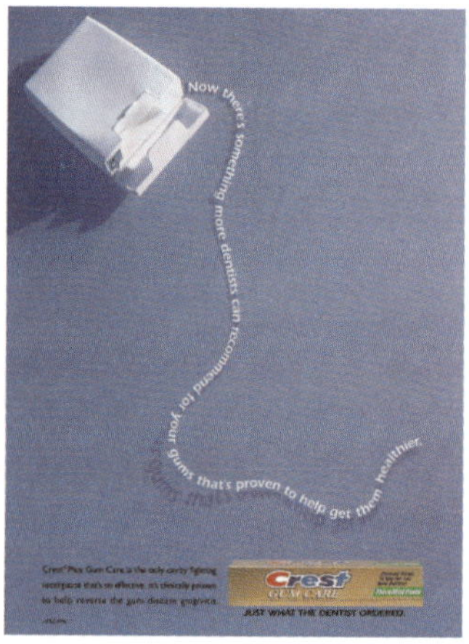

图7–37　在“图层样式”添加投影效果

图7–38、图7–39、图7–40是广告设计中应用沿路径绕排文字的作品。

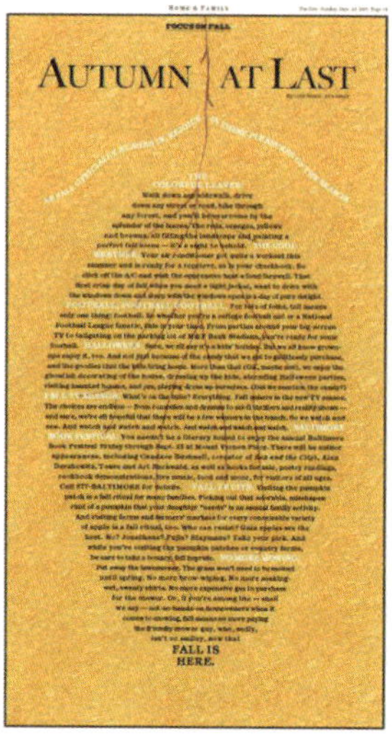

图7–38

图7–39

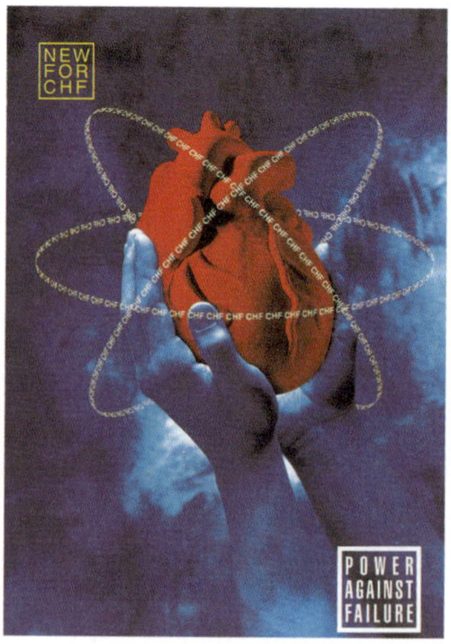

图7–40

7.5 实例

7.5.1 变形扭曲文字效果

图7-41、图7-42所示为原图和效果图。

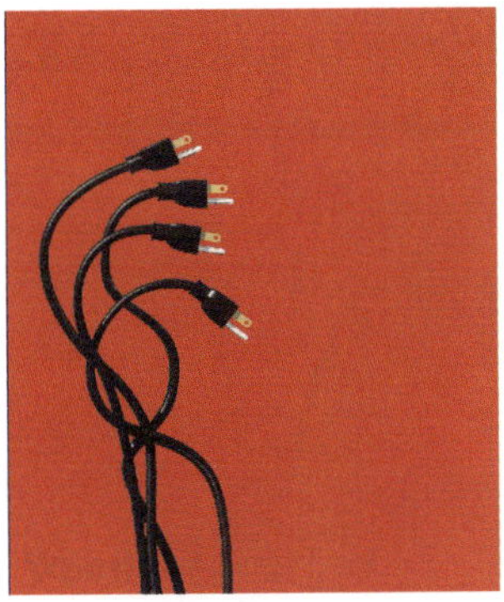

图7-41 原图

图7-42 应用扭曲后的效果

步骤1:

打开素材，如图7-43所示。在本例中，将对图像中的文字制作扭曲变形效果。

图7-43 素材

步骤2:

选中横排文字工具，在页面中拖动光标以创建一个段落文本定界框，如图7-44所示。释放鼠标左键后文字光标显示在文本定界框内，输入文字。

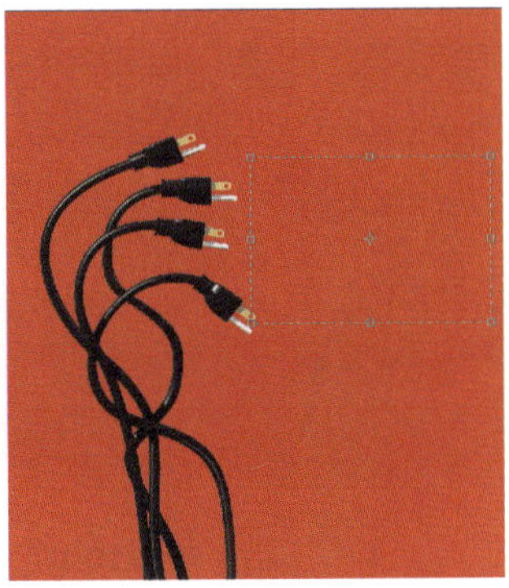

图7-44 文本定界框

步骤3:

对输入定界框内的文字进行大小和行距的调整。在输入过程中，可以尝试拖动段落定界框的控制把手，以观察当其发生改变时，定界框中的文字会发生怎样的变化，从而掌握段落定界框的变化将如何影响文字的排列，如图7-45所示。

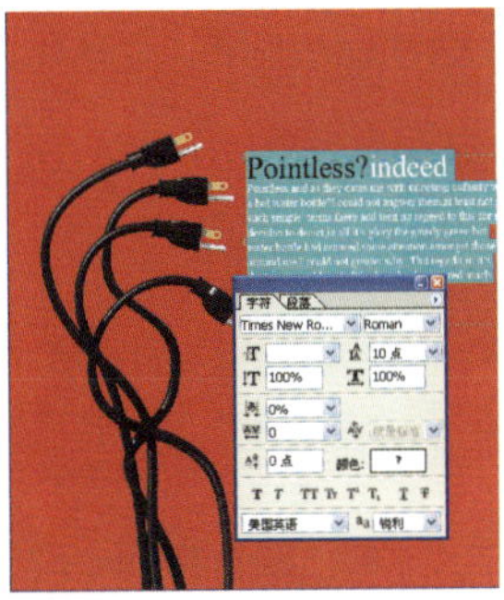

图7-45 设置文字属性

步骤4:

将文字层设为当前操作层，单击工具选项中的“创建变形文字”按钮，弹出“变形文字”对话框，如图7-46所示。

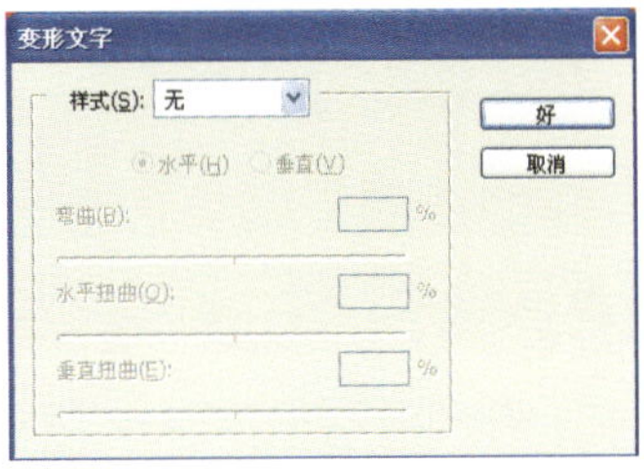

图7-46 “变形文字”对话框

步骤5:

单击“样式”按钮，在弹出的菜单中选择“拱形”变形样式后，“变形文字”对话框中的参数被激活，设置参数如图7-47所示。得到变形文字效果，如图7-48所示。

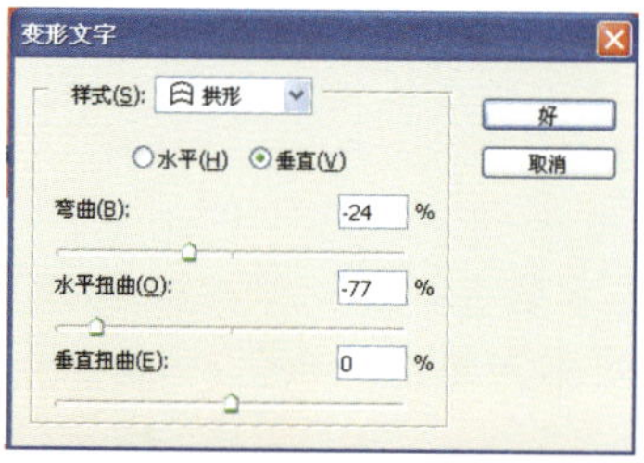

图7-47 进行参数调整

图7-48 应用扭曲后的效果

步骤6:

单击“确定”按钮，确认变形效果。如果要取消文字变形效果，单击“样式”按钮，在对话框中的“样式”下拉列表中选择“无”。

7.5.2 海滩文字

制作如图7-49所示的海滩文字效果。

图7-49 文字效果

步骤1:

打开素材文件“海滩文字”，选择文字图层为当前图层，如图7-50所示。

图7-50 素材

步骤2:

选择文字工具，在属性栏选择“创建变形文字”，弹出“变形文字”对话框，如图7-51所示。

图7-51 “变形文字”对话框

步骤3:

在“变形文字”对话框中选择“扇形”样式，如图7-52所示。

图7-52 样式为扇形

步骤4:

在对话框中设置扇形为水平，弯曲度为15%，水平扭曲为0%，垂直扭曲为90%，如图7-53所示。

图7-53 设置参数

步骤5:

设置每行字的字号，将文字逐渐减小（近大远小），依次为40、35、30、20，如图7-54所示。

图7-54　调整字体近大远小

步骤6:

打开字符面板，将画面中的文字行距调整得紧凑一些，如图7-55所示。

图7-55　调整行距

步骤7:

在菜单中选择“编辑”→“自由变换”，将文字向下调整高度，如图7-56示。

图7-56　设置字体高度

步骤8:

在菜单中选择“编辑”→“变换”→“旋转”，将文字向左旋转并调整到合适位置，如图7-57所示。

图7-57 字体向左旋转

步骤9:

在图层面板下方单击“添加图层样式”，如图7-58所示。

图7-58 打开样式面板

步骤10:

在图层样式面板中将文字混合模式设置为“叠加”，如图7-59所示。

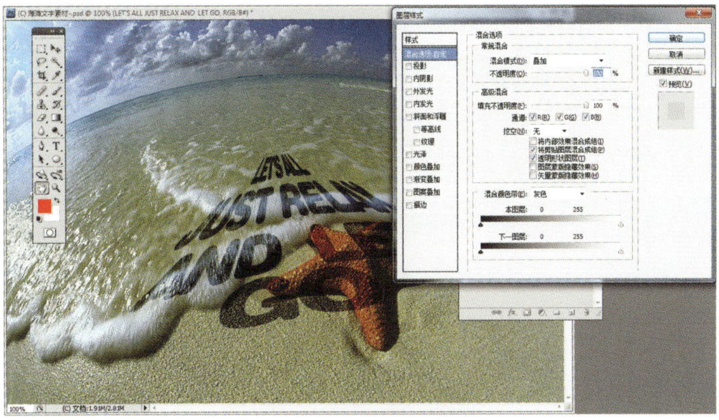

图7-59 添加混合模式

步骤11:

向左移动图层样式面板混合选项中最下方“下一图层”色带右边的灰色滑块，边调整边预览，直到文字与沙滩融合效果较自然，如图7-60所示。

图7-60　调整上下层次混合

步骤12:

右键单击文字图层，选择将文字进行栅格化，如图7-61所示。

图7-61　栅格化文字

步骤13:

执行“编辑”→“变形”→“扭曲　”，对文字进行扭曲变形，调整与画面透视效果，如图7-62所示。

图7-62　对文字进行扭曲

步骤14:

选择橡皮擦工具，调整橡皮擦的圆形大小，对海星上的黑色文字进行擦除，效果如图7-63所示。

图7-63　擦除文字

步骤15:

对文本图层添加波纹效果，执行“滤镜”→“扭曲”→“波纹”，弹出波纹面板，设置参数数量为80，如图7-64所示。

图7-64　添加波纹

步骤16:

单击“确定”，得到最终效果，如图7-65所示。

图7-65　最终效果

7.6　练习

1. 选择题

（1）文字图层中的哪些文字信息可以进行修改和编辑？（　）

A．文字颜色　　　B．文字内容，如加字或减字

C．文字大小　　　D．将文字图层转换为像素图层后可以改变文字的字体

（2）关于文字图层执行滤镜效果的操作，下列哪些描述是正确的？（　）

A．首先选择“图层”→“栅格化”→“文字”命令，然后选择任何一个滤镜命令

B．直接选择一个滤镜命令，在弹出的栅格化提示框中单击“是”按钮

C．必须确认文字图层和其他图层没有链接，然后才可以选择滤镜命令

D．必须使得这些文字变成选择状态，然后选择一个滤镜命令

（3）点文字可以通过下面哪个命令转换为段落文字？（　）

A．图层→文字→转换为段落文字　　B．图层→文字→转换为形状

C．图层→图层样式　　　　　　　　D．图层→图层属性

2. 问答题

（1）在Photoshop中，点文本和段落文本有哪些区别？

（2）文字工具和文字蒙版工具有哪些区别？

3. 操作题

制作沿路径绕排文字效果。

图7-66　原图

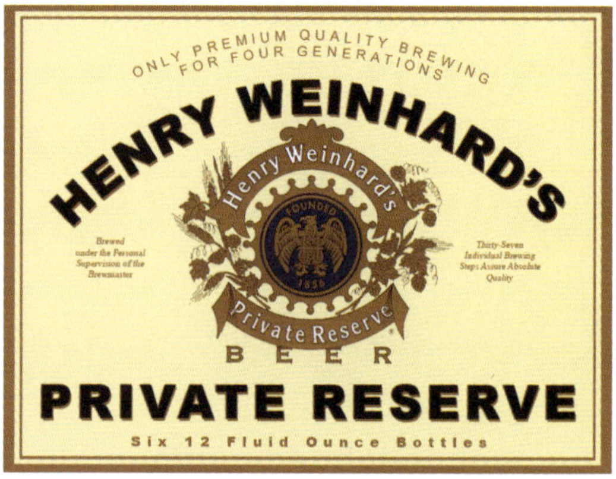

图7-67　应用扭曲后的效果

文字创作欣赏

CBS/SONY GROUP
Greetings for the new year
CBS/SONY GROUP INC
CBS/SONY FAMILY CLUB INC
CBS/SONY PUBLISHING INC
CBS/SONY COMMUNICATIONS, INC
CBS/SONY HONG KONG LTD
CSG IMAGESOFT INC
cs artists
C.S. ARTISTS INC
SONY CREATIVE PRODUCTS INC

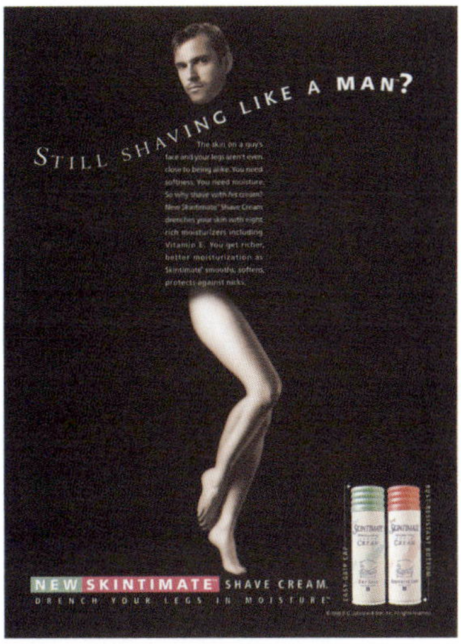
STILL SHAVING LIKE A MAN?
NEW SKINTIMATE SHAVE CREAM.
DRENCH YOUR LEGS IN MOISTURE

第十一屆青島國際啤酒節
THE 11th QINGDAO INTERNATIONAL BEER FESTIVAL

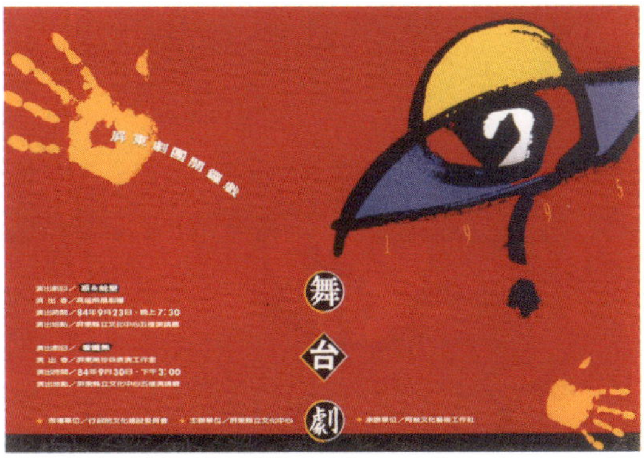
1995
舞台劇

第8章　Photoshop蒙版

蒙版是Photoshop又一亮点功能，通过本章的学习，可以掌握剪贴蒙版、快速蒙版、图层蒙版以及矢量蒙版的基本操作，并熟练应用快速蒙版与图层蒙版的功能，利用它们制作出各种令人匪夷所思的梦幻效果。

8.1　蒙版的定义与类型

简单来说，蒙版就是蒙在图像上用来保护图像的一层“板”。用来保护被蒙的区域，让被蒙的区域不受任何编辑操作的影响，而对未被蒙版的区域产生作用，如图8-1、图8-2、图8-3所示。

图8-1　原图

图8-2　效果图

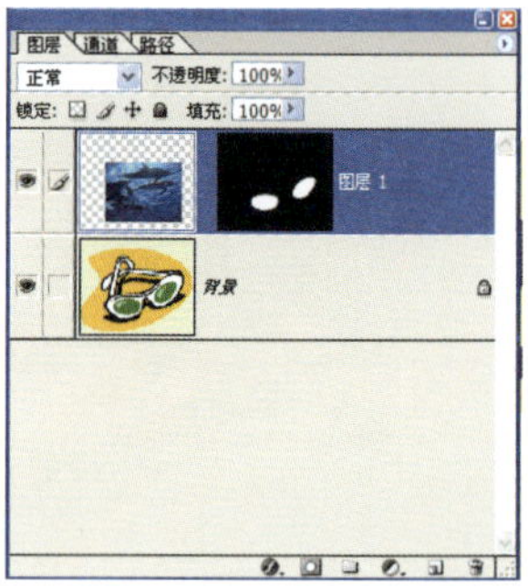

图8-3　“图层”调板上的蒙版

蒙版有四种类型，分别是剪贴蒙版、快速蒙版、图层蒙版以及矢量蒙版，接下来将分别对它们进行介绍。

8.2　剪贴蒙版

8.2.1　关于剪贴蒙版

剪贴蒙版是一组图层中最下面的一个图层控制着另外一个或几个图层的显示效果，起控制作用的图层称为“基层”，而被控制的图层称为“内容层”，如图8-4、图8-5所示。

图8-4 效果图

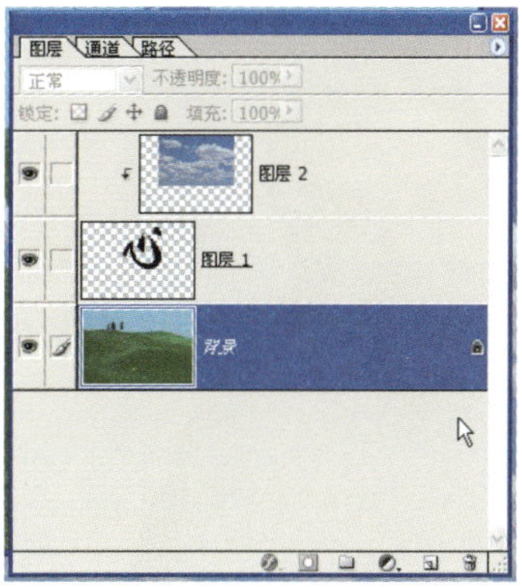

图8-5 “图层”调板上的剪贴蒙版

8.2.2 创建与取消剪贴蒙版

（1）创建剪贴蒙版：选择“图层”菜单中的“创建剪贴蒙版”命令或按快捷键Ctrl +G；也可按Alt键将光标放在“图层”调板中分隔两个图层的实线上（光标将会变为两个交叉的圆圈）单击即可。

（2）取消剪贴蒙版：选择“基层”，然后选择“图层”菜单中的“释放剪贴蒙版”命令或按快捷键Ctrl+Alt+G。

8.3 快速蒙版

8.3.1 关于快速蒙版

快速蒙版是一种手动间接创建选区的方法，可以快速将一个选区变成一个蒙版，然后对这个蒙版进行修改或编辑，以完成精确的范围选取，之后再转换为选区来使用。

8.3.2 创建、编辑和取消快速蒙版

（1）创建快速蒙版：使用任意选择工具在图像中建立一个选区，单击工具箱底部的“以快速蒙版模式编辑”按钮，或按Q键进入快速蒙版编辑状态。在默认情况下，图像中没有选择的部分被覆盖上一层红色。

（2）编辑快速蒙版：将前景色设置为黑色，选择画笔工具，在图像的显示部分进行涂抹，将不需要选择的范围填上红色，如果操作错误，可以将前景色设置为白色，用画笔工具进行涂抹，取消红色部分。

（3）取消快速蒙版：单击工具箱中的“以标准模式编辑”按钮，切换到正常编辑状态，则图像中的红色区域被转换为选择区域。

快速蒙版使用效果如图8-6至图8-10所示。

图8-6　原图

图8-7　选择范围

图8-8　进入快速蒙版模式

图8-9　编辑快速蒙版

图8-10　得到选择范围

8.3.3　设置快速蒙版

如要设置快速蒙版，可以双击“以快速蒙版模式编辑”按钮，打开“快速蒙版选项”对话框，如图8-11所示。

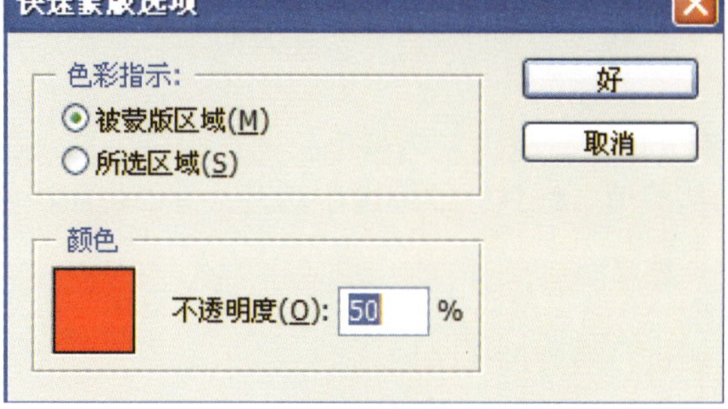

图8-11　“快速蒙版选项”对话框

可以转换色彩指示是被蒙版区域还是所选区域，也可改变不同颜色的显示效果，并可输入0~100之间的数值以更改颜色的透明度。

8.4 图层蒙版

8.4.1 关于图层蒙版

可以简单地将图层蒙版理解为：与图层捆绑在一起、用于控制图层中图像的显示与隐藏的蒙版，且此蒙版中装载的全部为灰度图像，并以蒙版中的黑、白图像来控制图层缩览图中图像的隐藏或显示。图层蒙版的最大优点是在显示或隐藏图像时，所有操作均在蒙版中进行，不影响图层中的像素。如图8-12、图8-13所示。

图8-12 效果图

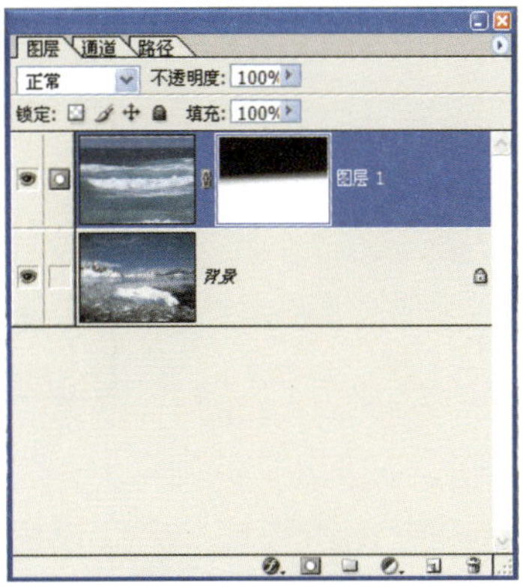

图8-13 图层蒙版

重点提示

从图8-13可以发现，蒙版中的黑色区域是隐藏该图层内容而显示下图层内容，白色区域是显示该图层内容，灰色部分则会使图像对应的区域半隐半显。

8.4.2 创建与删除图层蒙版

创建图层蒙版的方法有很多种，可根据不同的情况决定用哪种方法，下面分别进行讲解：

（1）单击“图层”调板底部的“创建图层蒙版”按钮，蒙版呈现白色。

（2）选择“图层”菜单中的“图层蒙版”中的“显示全部”命令。

（3）在有选择区域的情况下，单击“添加图层蒙版”按钮，可得到显示当前选区的蒙版效果。

（4）通过“贴入”命令得到图层蒙版。当图层中存在选区时，拷贝一幅图像，然后使用“编辑”菜单中的“贴入”命令将图像粘贴到该选区中，此操作同时会生成一个图层蒙版。

删除图层蒙版：可在蒙版图层被选中的情况下，选择“图层”菜单中的“图层蒙版”中的“删除”命令，或选中图层蒙版将其拖至“图层”调板中的“删除”按钮上，在弹出的对话框中单击“不应用”按钮即可。

8.4.3 选择图层蒙版

图层蒙版的另外一大优点是具有良好的可编辑性。例如，可以使用绘图工具或滤镜命令对蒙版进行调整，但这必须确保蒙版处于选择状态，蒙版被选中时，周围将显示出一个方框，如图8-14所示。

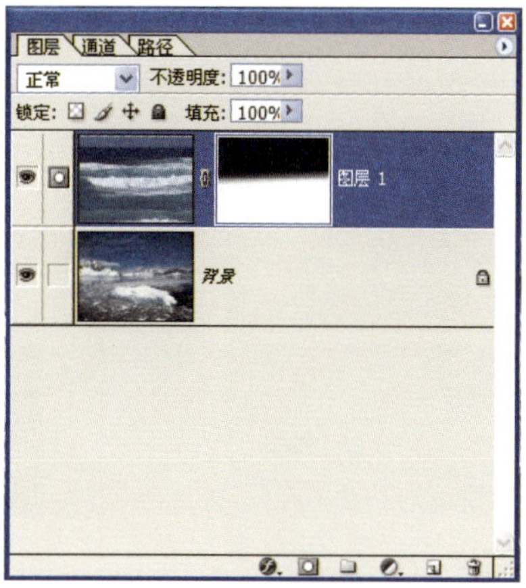

图8-14　图层蒙版

8.4.4　查看图层蒙版

在默认情况下，图层蒙版不会显示在图像中，但如果按住Alt键单击蒙版缩略图，则可以在图像中显示蒙版，可以更直观地对蒙版进行编辑；如果要恢复图像显示状态，则可再次按住Alt键单击图层蒙版缩略图。

8.4.5　图层与图层蒙版的链接关系

在默认情况下，图层与图层蒙版保持链接，“图层”调板中缩略图之间出现链接图标。使用移动工具移动图层时，图层蒙版跟随图层一起移动，从而保证了蒙版与图层图像的相对位置不变。单击链接图标则可以解除图层与图层蒙版间的链接关系，从而可以独立地移动图层或图层蒙版，如图8-15所示。

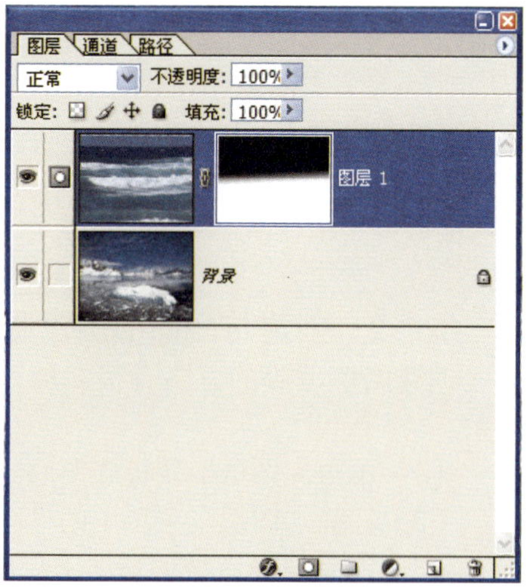

图8-15　图层蒙版

8.4.6　屏蔽与显示图层蒙版

在蒙版存在的状态下，只能观察到未被蒙住的部分图像，因此不利于对图像进行编辑。在此情况下，按住Shift键单击图层蒙版缩略图，可暂时屏蔽蒙版效果，如果想显示图层蒙版，按住Shift键，单击蒙版缩略图即可重新显示蒙版效果，如图8-16所示。

图8-16　图层蒙版

8.5　矢量蒙版

8.5.1　关于矢量蒙版

矢量蒙版是一种控制图层中图像显示与隐藏的方法，与图层蒙版相似。不同的是，矢量蒙版是依靠路径来限制图像的显示与隐藏的，因此它创建的都是具有规则边缘的蒙版。

矢量蒙版在本质上仍然是一种蒙版，具有与图层蒙版相同的特点。因此前面章节所讲述的关于图层蒙版的操作方法对于矢量蒙版同样有效，如图8-17、图8-18所示。

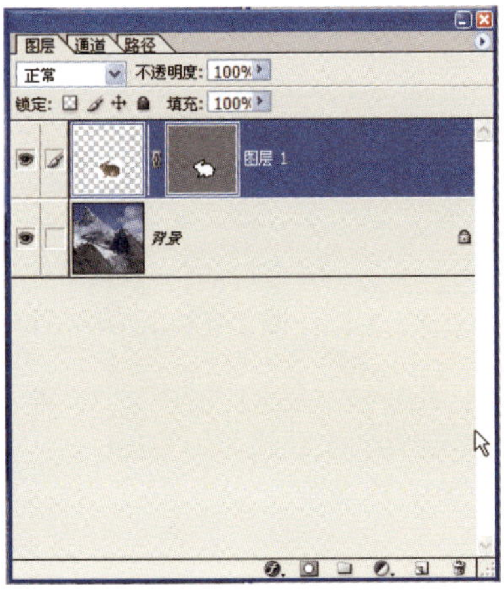

图8-17　矢量蒙版

图8-18　效果图

8.5.2　创建与删除矢量蒙版

创建矢量蒙版：

（1）创建显示全部图层的矢量蒙版：在“图层”调板中选中要创建矢量蒙版的图层，选择“图层”菜单中的“矢量蒙版”中的“显示全部”命令即可。

（2）创建隐藏全部图层的矢量蒙版：在“图层”调板中选中要创建矢量蒙版的图层，选择“图层”菜单中的“矢量蒙版”中的“隐藏全部”命令即可。

（3）以当前路径建立矢量蒙版，可先绘制路径，然后在“图层”调板中选中要创建矢量蒙版的图层，选择“图层”菜单中的“矢量蒙版”中的“当前路径”命令即可。

删除矢量蒙版：

选择“图层”菜单中的“删除矢量蒙版”命令，或在“图层”调板中单击矢量蒙版并拖至“删除图层”按钮上即可。

8.6 蒙版与选区的互相转换

8.6.1 将图层蒙版转换为选区

载入图层蒙版中的选区的操作方法与载入图层中图像的选区相同，仅需要按住Ctrl键单击该图层蒙版的缩略图即可。

8.6.2 将选区转换为图层蒙版

在当前图像中存在选区的情况下，单击“添加图层蒙版”按钮，即可以在当前选区所选择的范围内显示图像，选择范围在转换为图层蒙版后将变为白色区域。

重点提示

根据前面的讲解可以知道，图层蒙版中的白色代表显示图像，而黑色则代表隐藏图像；在转换为选区时，白色区域部分代表选区选择的范围，而黑色则代表未选择的范围。

8.7 实例

8.7.1 特殊边框

将图8-19制作成如图8-20所示的效果。

图8-19 原图

图8-20 效果图

步骤1:

打开如图8-21所示的图像。

图8-21　原图

步骤2:

选择套索选择工具，在图像中框选一定范围，如图8-22所示。

图8-22

步骤3:

单击“以快速蒙版模式编辑”按钮，如图8-23、图8-24所示。

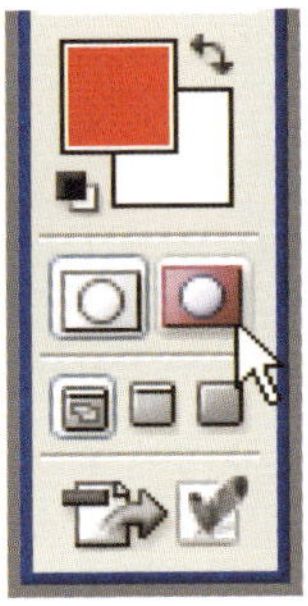

图8-23

图8-24

步骤4:

选择“滤镜”→“模糊”→“高斯模糊”，在弹出的对话框中设置半径为10个像素，然后单击“好”，如图8-25、图8-26所示。

图8-25

图8-26

步骤5:

选择“滤镜”→“扭曲”→“波浪”，在弹出的对话框中设置参数，如图8-27所示，然后单击“好”。

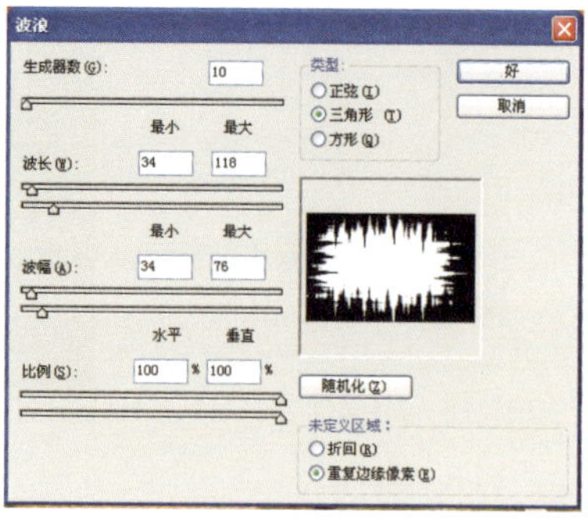

图8-27

图8-28

步骤6:

单击“以标准模式编辑”按钮，再单击“选择”菜单中的“反选”，如图8-28、图8-29、图8-30所示。

图8-29

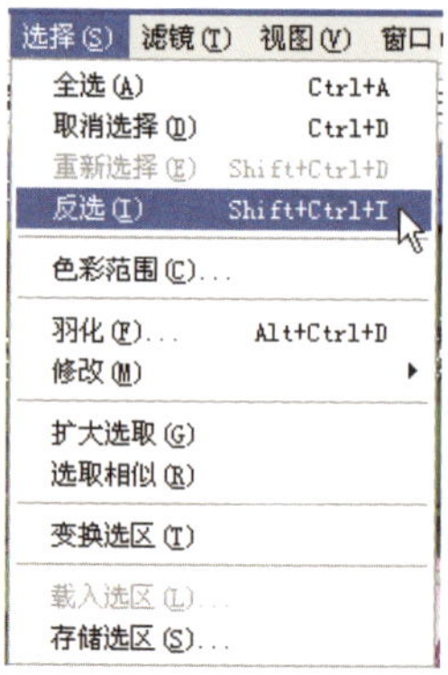

图8-30

步骤7:

在确定背景色为白色的情况下，单击Delete键，然后按Ctrl+D键即可完成效果，如图8-31、图8-32、图8-33所示。

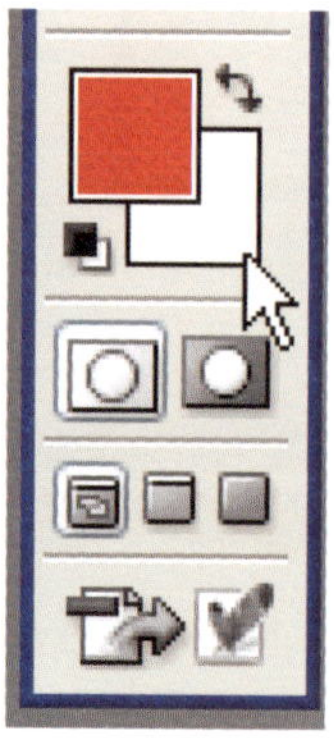

图8-31

图8-32

图8-33 最后完成效果

8.7.2 “番茄”孩

制作如图8-34所示效果。

图8-34 效果图

图8-35 番茄

步骤1:

打开“番茄”图像，如图8-35所示。

步骤2:

双击“图层”调板的背景，把背景改为“图层0”，接着执行“图像”菜单的“画布大小”命令，设置好参数后确定，如图8-36、图8-37、图8-38、图8-39所示。

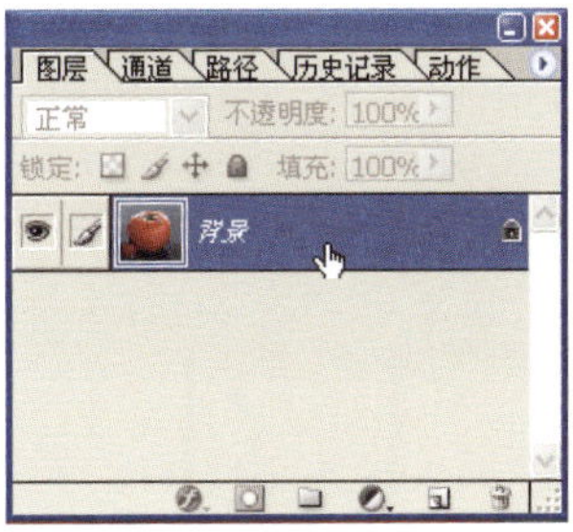

图8-36

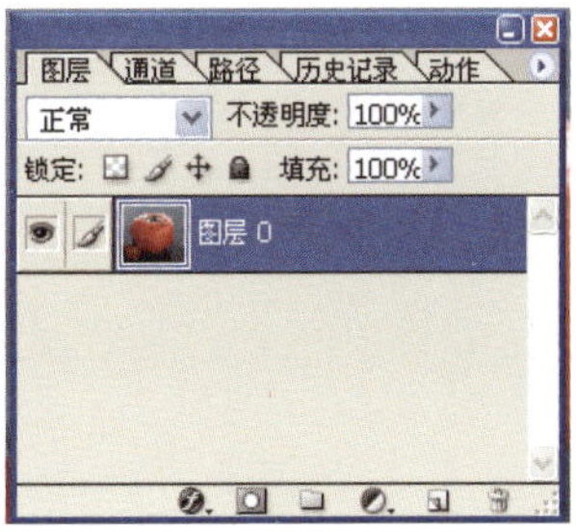

图8-37

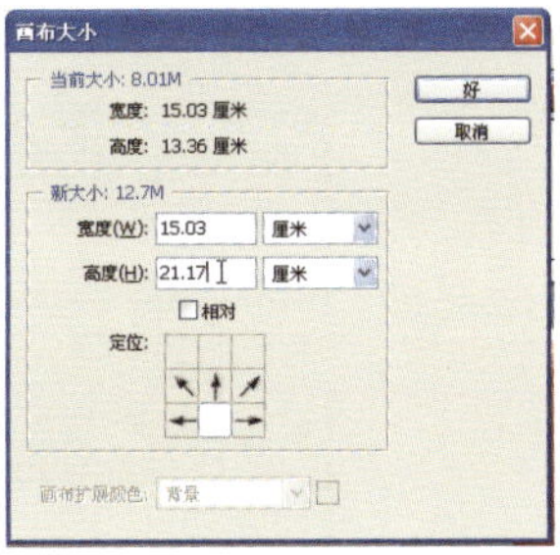

图8-38

图8-39

步骤3:

新建图层，选择吸管工具，从图像中吸取颜色，把吸到的颜色转换为背景色，接着单击“图层”菜单中“新建”中的“图层背景”，如图8-40至图8-46所示。

图8-40

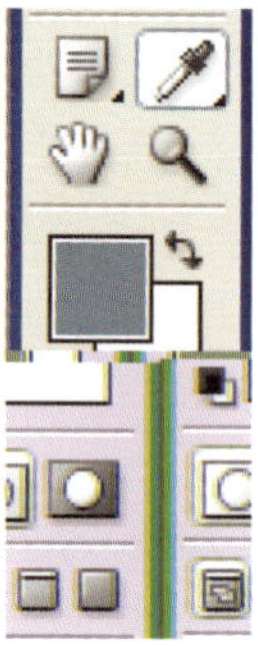

图8-41

图8-42

图8-43

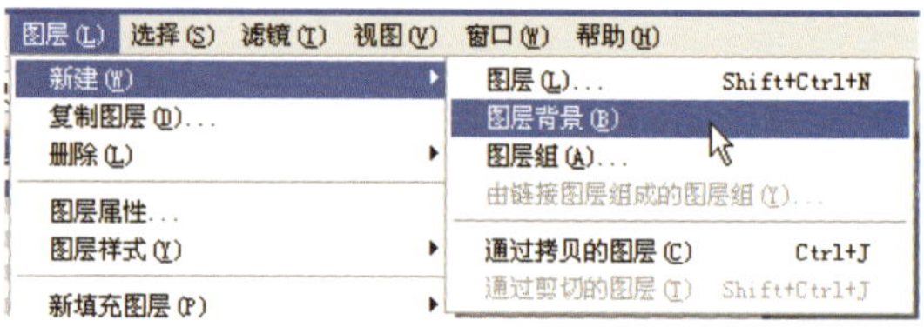

图8-44

图8-45

图8-46

步骤4:

选择“图层”调板中的“图层0”，单击“添加图层蒙版”按钮。如图8-47所示。

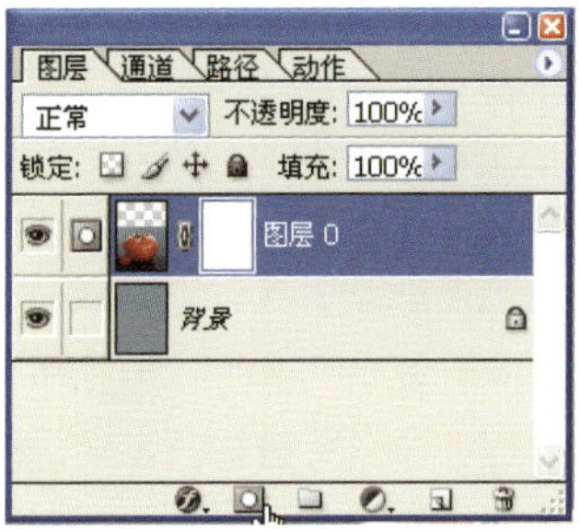

图8-47

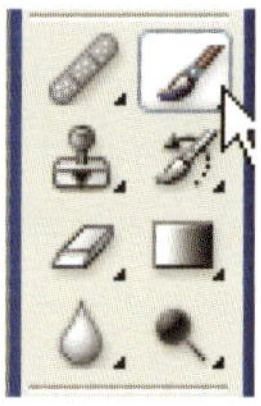

图8-48

步骤5:

选择画笔工具，确定前景色为黑色，设置选项栏，将图像中明显的接痕遮盖住，如图8-48至图8-50所示。

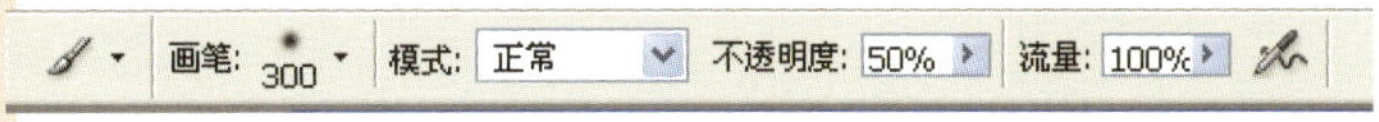

图8-49

步骤6:

打开“小孩”图像，如图8-51所示。

步骤7:

用移动工具把它移到刚才操作的图像中，如图8-52所示。

图8-50

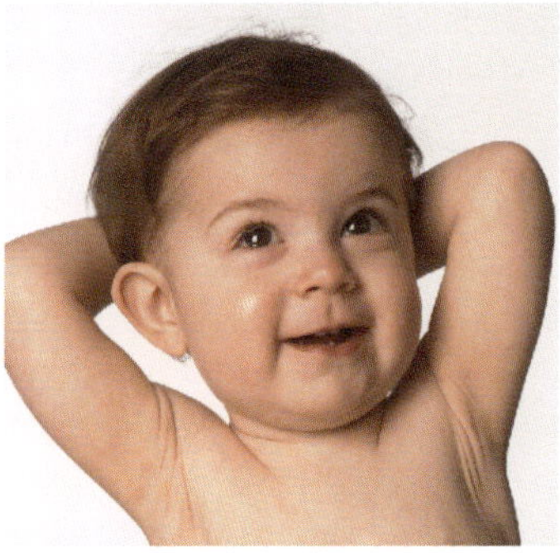

图8-51

步骤8:

按Ctrl+T键，把“小孩”图像缩放并移到如图8-53所示的合适位置上。

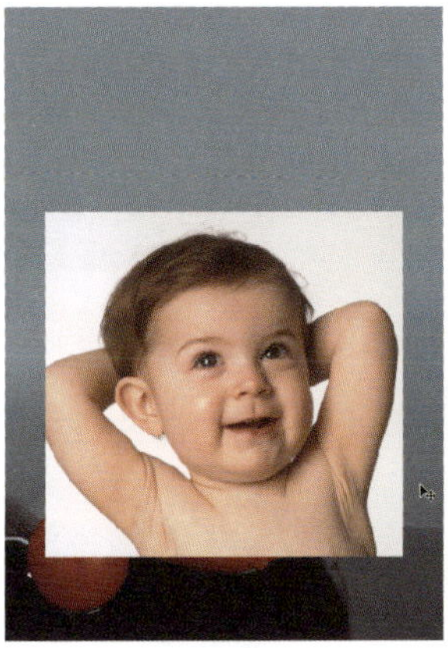

图8-52

图8-53

步骤9:

单击“添加图层蒙版”按钮，选择画笔工具，确定前景色为黑色，如图8-54至图8-56所示。

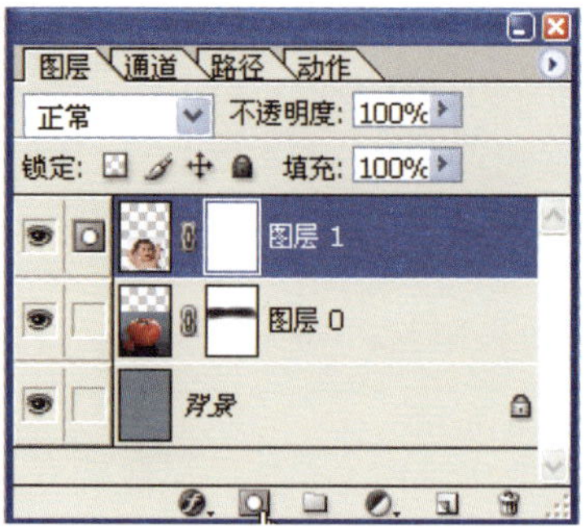

图8-54

图8-55

图8-56

步骤10:

在图像中把“小孩”的其他地方遮盖住，剩下如图8-57所示的脸的部分，并调整“图层”调板中的不透明度为80%，如图8-58所示。

图8-57

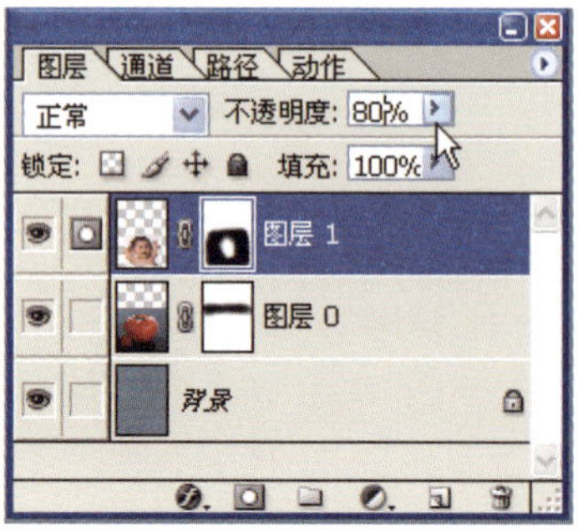

图8-58

步骤11:

复制“图层1”，用移动工具把复制出来的“图层1副本”拖动到图像中另一个小番茄上，并缩放，摆好位置，接着设置“图层”调板上的不透明度为70%，如图8-59、图8-60所示。

图8-59

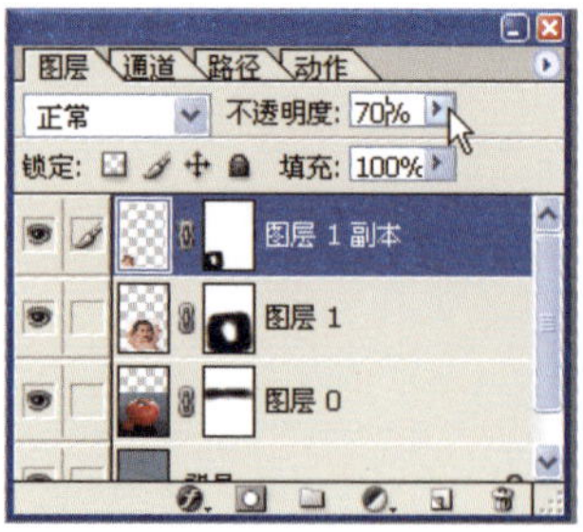

图8-60

步骤12:

打开如图8-61所示的“气球”图像。

图8-61

步骤13:

把“气球”图像移到刚才操作的图像上并摆好位置，如图8-62所示。

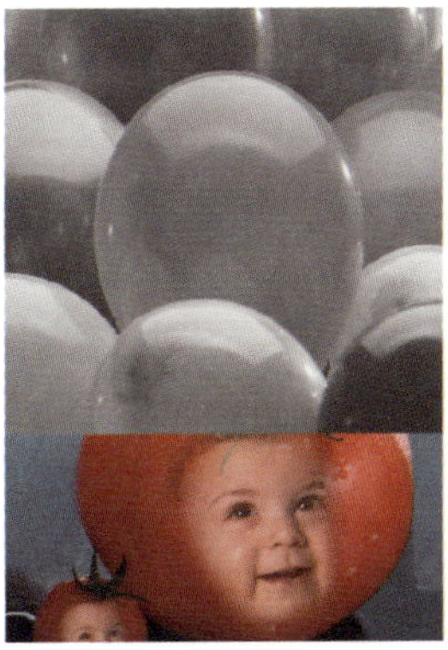

图8-62

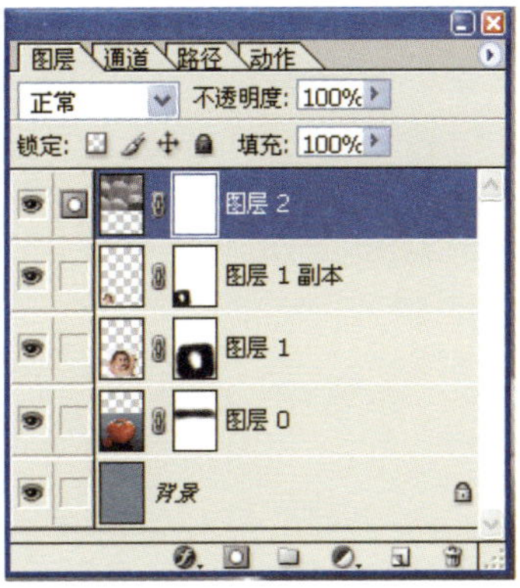

图8-63

步骤14:

单击“添加图层蒙版”按钮，选择渐变工具，确定前景色为黑色，背景色为白色，选项栏如图8-63至图8-65所示。

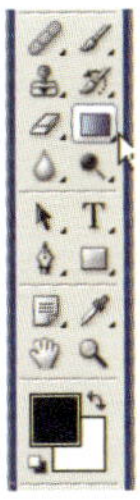

图8-64

图8-65

步骤15:

在图像中从下向上拖拉，得到如图8-66所示的效果。

图8-66

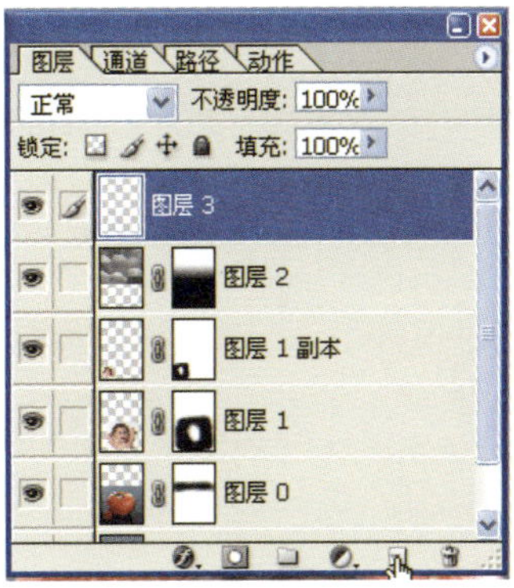

图8-67

步骤16:

新建图层，打开“渐变拾色器”，选择“七彩渐变色”，如图8-67、图8-68所示。

步骤17:

在图像中从左到右拖动鼠标，如图8-69所示。

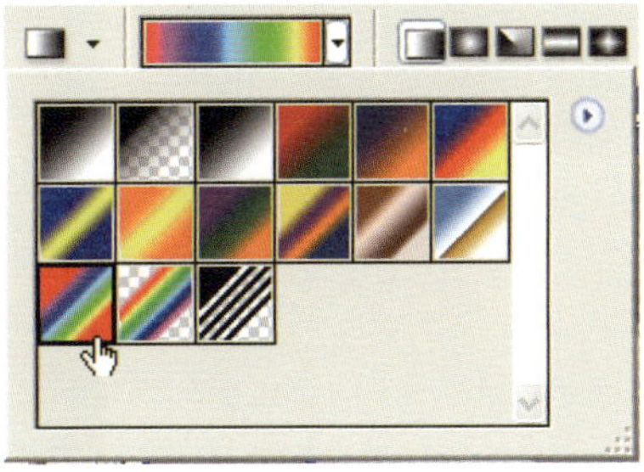

图8-68

图8-69

步骤18:

把“图层”调板中的图层模式改为“颜色”，如图8-70所示。

步骤19:

单击“图层”菜单中的“创建剪贴蒙版”，如图8-71所示。

步骤20:

把“图层”调板中的不透明度改为50%，如图8-72所示。最后效果如图8-73所示。

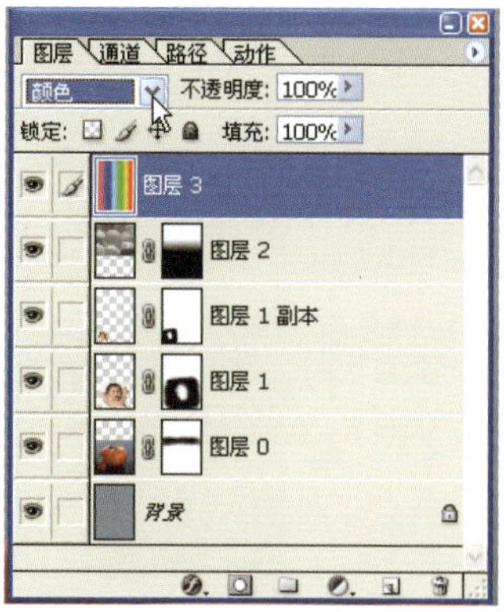

图8-70

图8-71

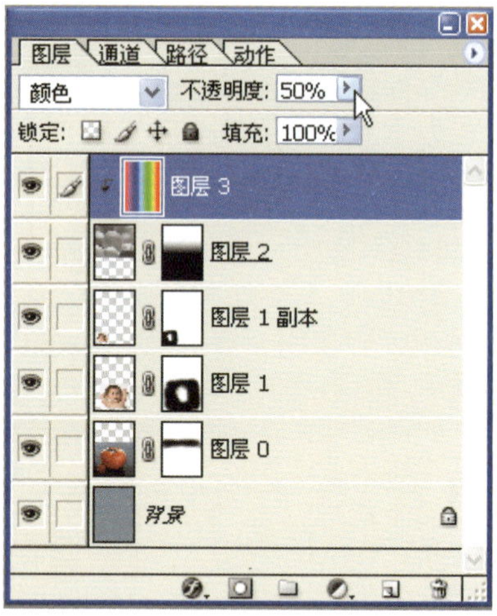

图8-72

图8-73　最后效果

8.8 练习

1. 选择题

（1）当光标放在“图层”调板中分隔两个图层的实线上时，按住哪个键单击即可创建剪贴蒙版？（ ）

A. Ctrl键　　B. Alt+Shift键

C. Shift键　　D. Alt键

（2）按住哪个键，可以暂时屏蔽或显示图层蒙版？（ ）

A. Ctrl键　　B. Alt键

C. Shift键　　D. Alt+Shift键

（3）要载入图层蒙版中的选区，仅需要按住哪个键单击该图层蒙版的缩略图即可？（ ）

A. Ctrl键　　B. Alt键

C. Shift键　　D. Alt+Shift键

2. 问答题

（1）蒙版的类型有哪几种？

（2）快速蒙版的作用是什么？

（3）分别说出三种创建图层蒙版的方法。

3. 操作题

（1）根据图8-75、图8-76，制作出如图8-74所示的效果图。

图8-74　效果图

图8-75　储钱猪

图8-76　高楼

（2）根据图8-78至图8-81，制作出如图8-77所示的效果图。

图8-77　效果图

图8-78　海豚

图8-79　篮球

图8-80　飞鸽

图8-81　天空

第9章　Photoshop通道

在Photoshop中，通道起到了存储选区的作用。本章将对通道的知识和操作技巧进行讲解，从而使人们更易于编辑出多种多样的选区，创造出更加丰富多彩的效果。

9.1　了解通道

在Photoshop中，路径可以理解为“线”，图层可以理解为“面”，那么通道可以理解为“色”，这三个功能是层层推进的关系。通道主要有以下三个功能：①保存图像的颜色数据。例如，RGB模式的图像有三个颜色通道，CMYK模式的图像有四个颜色通道。②保存选区范围，起创建选区范围的作用。③创建专色通道，得到专色印刷的效果。

9.2　了解“通道”调板

在“窗口”菜单中选择“通道”命令，打开通道控制面板，如图9-1、图9-2所示。可以发现这个面板的布置和图层面板的布置很接近，不同的是控制面板中底部各个按钮的功能不同，现在简单介绍一下各个按钮的功能。

图9-1　图像

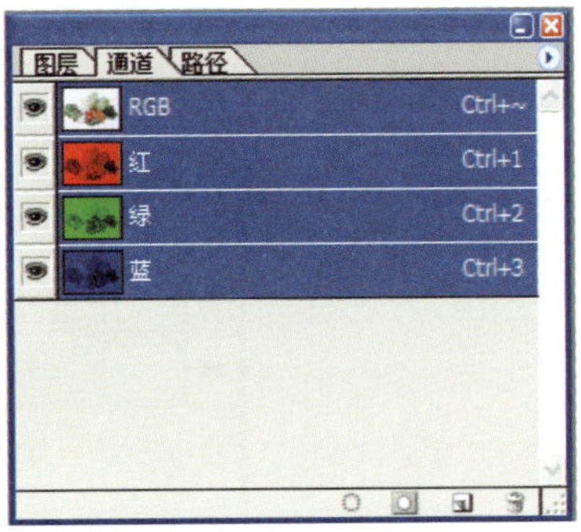

图9-2　“通道”调板

“通道”调板中各个按扭的含义如下：

“将通道作为选区载入”按扭，可调出当前通道所保存的选区。

“将选区存储为通道”按钮，可将当前选区保存为Alpha通道。

“创建新通道”按钮，可创建一个新的Alpha通道。

 “删除通道”按钮，可删除当前选择的通道。

9.3 通道的分类

在Photoshop中，有三种类型的通道，分别是颜色通道、专色通道和Alpha通道，现在分别讲解它们各自的功能。

9.3.1 颜色通道

在Photoshop中，位图图像都有一定的颜色模式。不同的颜色模式，表示组成图像中像素点的位图图像不同的颜色显示方法。如图9-4、图9-5所示，RGB模式的图像有三个颜色通道，而CMYK 模式的图像有四个颜色通道。

图9-3 图像

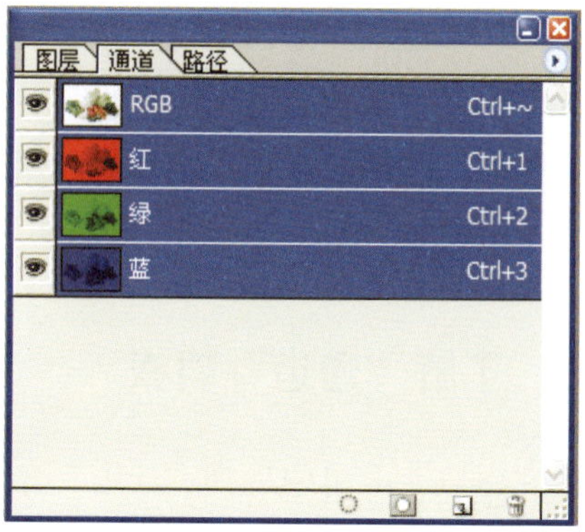

图9-4 RGB模式的图像有三个颜色通道

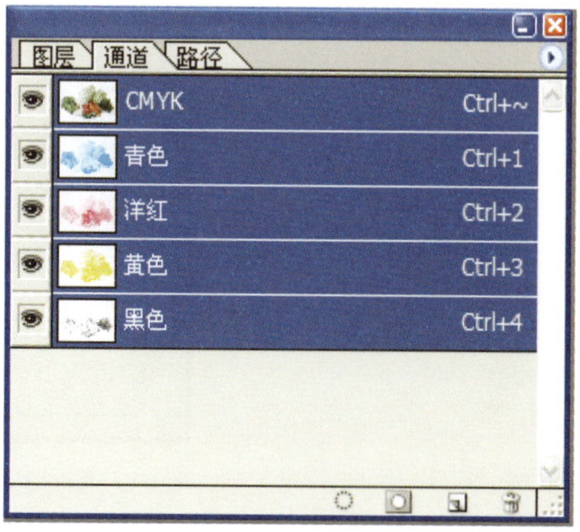

图9-5 CMYK模式的图像有四个颜色通道

9.3.2 专色通道

专色通道是一种特殊的通道，需要自行创建。它是除了青色、洋红、黄色、黑色以外的第五块色版，即专色版。例如烫金、烫银或过UV等，如图9-6所示。

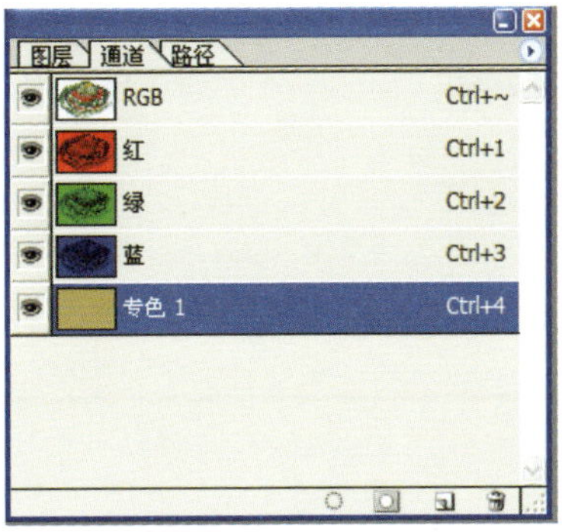

图9-6 专色通道

9.3.3 Alpha通道

在Photoshop中，对一个区域进行选择时，这个选择区域是暂时的，当将一个选区范围保存后，就会将一个黑白图像保存在通道中，如图9-8所示，新增加的通道叫Alpha通道。保存选区是通道的一个重要作用，需要这个选区时可以快速地载入到这个选区。

图9-7 选择区域

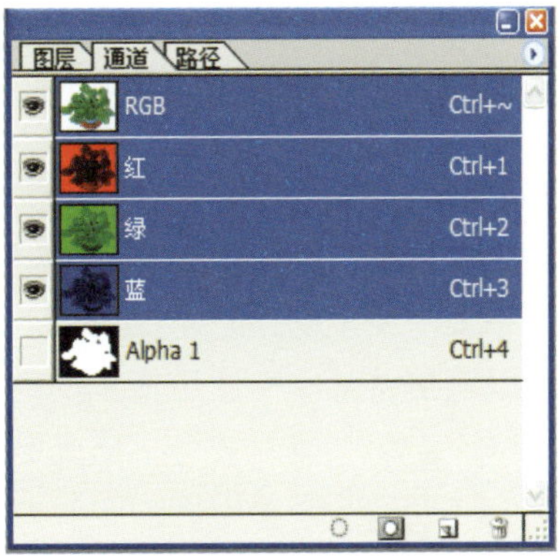

图9-8 Alpha通道

9.4 通道的基本操作

9.4.1 创建Alpha通道

在Photoshop中，利用Alpha通道可以制作出许多独特的效果，在进行图像编辑时，单独创建的新通道默认为Alpha通道。下面介绍如何创建新通道。

单击“通道”调板上的 按钮即可建立一个新通道，新建通道的默认颜色为黑色，黑色表示没有选区保存在此通道中。如果有选区保存在通道中，选区范围显示为白色。灰色则表示过渡颜色，是羽化的程度。

创建通道还可以利用“通道”调板右边小三角形菜单中的“新通道”命令，选择此命令后会出现一个对话框，如图9-9所示。

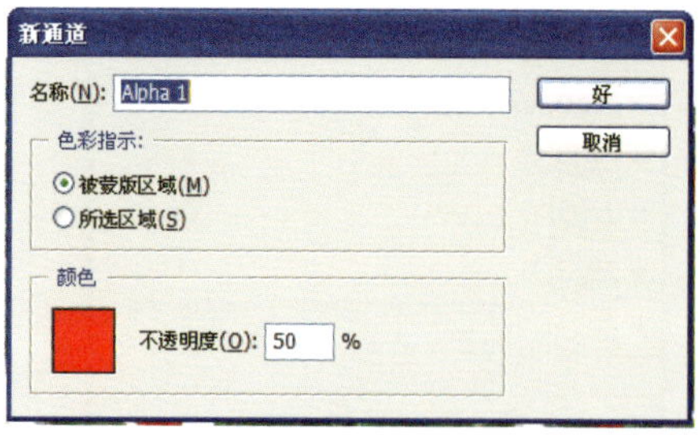

图9-9 “新通道”对话框

在对话框中可以看到设置通道的各项参数:

(1)“名称”文本框中可以输入通道的名称，如果不输入，系统的默认名为Alpha1、Alpha2……

(2)“颜色”选项组，可以设定通道中的颜色显示方式，有两种颜色。

(3)选择“被蒙版区域”后，新建的Alpha通道中有颜色的区域代表蒙版区，没有颜色的区域代表非蒙版区。

(4)“所选区域”和“被蒙版区域”恰好相反，选中该项后，新建的Alpha通道中没有颜色的区域代表蒙版区，有颜色的区域代表非蒙版区。

(5)单击“颜色”拾取块，打开颜色拾取器，在拾取器中选取一种通道颜色，在默认情况下，蒙版的颜色为半透明的红色。

(6)在颜色框的右侧有一个“不透明度”文本框，可以在此输入数值设定蒙版的不透明度值，设定不透明度的目的是为了能够较准确地选择区域。

9.4.2 复制通道

可以直接将某一个通道拖到“通道”调板中的图标上进行复制，此时在“通道”调板中就多了一个通道副本。也可以选中要复制的通道，然后执行通道控制面板中的“复制通道”命令，此时会出现一个对话框，可以在此对话框中设置通道名称、要复制此通道的目标图像文件，若选择“新通道”选项则表示要复制到一个新建立的文件中。设置完后单击“好”按钮即可完成复制操作，如图9-10所示。

图9-10 “复制通道”对话框

9.4.3 删除通道

直接将某一个通道拖到“通道”调板中的图标上，这个时候在通道面板中就少了一个通道。也可以选中要删除的通道，然后执行“通道”调板中的“删除通道”命令，刚才选择的通道就被删除了。

9.4.4 分离通道

如图9-11所示，分离通道必须确保当前图像中仅有一个背景图层，此时“分离通道”命令才会被激活。使用此命令可以将每个通道分离为独立的灰度文件，然后分别对各个灰度图像进行编辑。如图9-12所示为原图像，如图9-13所示为其分离成的三幅灰度图像。

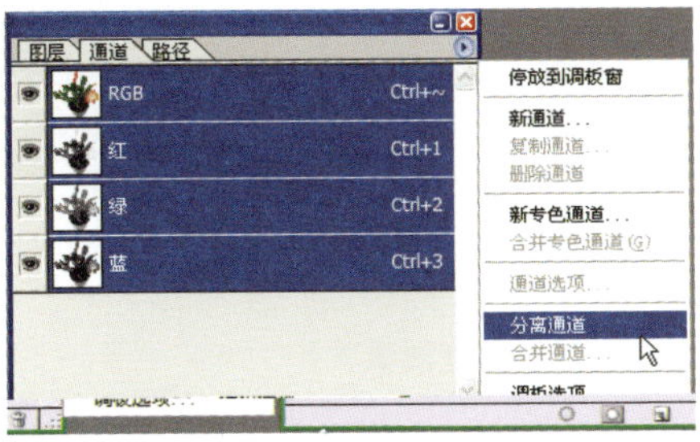

图9-11 “分离通道”命令

图9-12 原图像

图9-13 分离成三幅灰度图像

9.4.5 合并通道

如图9-14、图9-15所示，使用“合并通道”命令可以将多个灰度图像合并成一个彩色图像，必须注意的是，要合并的图像必须是“灰度”模式，且具有相同的像素尺寸并处于打开状态。

如图9-16所示为三幅大小相同的灰度图像，如图9-17所示为合并后的最终效果。

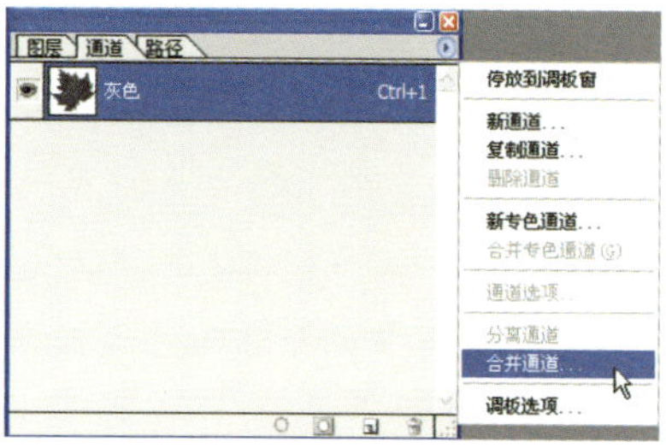

图9-14 “合并通道”命令

图9-15 “合并通道”对话框

图9-16 三幅大小相同的灰度图像

图9-17 合并后的最终效果

9.5 实例

9.5.1 抠取人物头发

制作如图9-18所示效果。

图9-18 最终效果

步骤1:

打开素材文件，如图9-19所示。

步骤2:

打开“通道”调板，查看各通道状况，可以看到通道“蓝”的对比度效果较好，选择“蓝色”通道，复制此通道得到“蓝副本”通道，图像显示效果如图9-20所示。

图9-19

图9-20

步骤3:

按Ctrl+L键应用“色阶”命令，并设置弹出的对话框，如图9-21、图9-22所示。

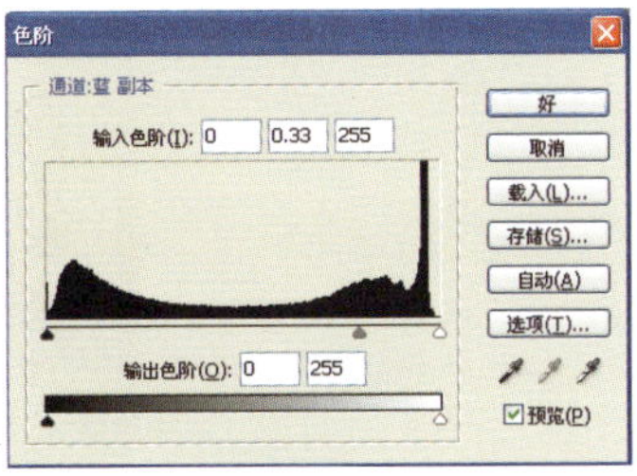

图9-21

图9-22

步骤4:

设置前景色为黑色，使用画笔工具，并设置适当的画笔大小，将头发的白色区域、人物脸部及身体等其他部位涂抹至如图9-23所示效果。

步骤5:

按Ctrl+I键执行“反向”操作，得到如图9-24所示效果。

图9-23

图9-24

步骤6:

按Ctrl键并单击通道“蓝副本”。返回“图层”调板单击“背景”图层，按Ctrl+J键将选区中的图像复制到新图层中，得到“图层1”。并将背景层眼睛图标关闭，观看图像的效果，如图9-25所示。

图9-25

图9-26

步骤7:

打开一幅素材图，使用移动工具，将其拖拽至所打开的图像中，得到最终效果，如图9-26所示。

9.5.2 咖啡广告

制作如图9-27所示的咖啡广告画面效果。

图9-27 咖啡广告最终效果

步骤1:

执行“文件”→“打开”，将“咖啡豆”素材打开，如图9-28所示。

图9-28 “咖啡豆”素材

步骤2:

执行“图像”→“图像旋转”→“顺时针旋转90度”，如图9-29所示。

图9-29 图像旋转

步骤3:

使用钢笔工具对白色杯子的外轮廓进行勾画，对杯子手柄内框进行勾画，如图9-30所示。

图9-30　勾画杯子外轮廓

步骤4:

打开路径面板，在路径面板下将路径转换为选区，选区将杯子选中，如图9-31所示。

图9-31　将路径转换为选区

步骤5:

执行“图层”→“新建”→“通过拷贝的图层”，将选区内的杯子图像复制到新的图层（快捷键为Ctrl+J），如图9-32所示。

图9-32　将杯子复制到新图层

步骤6:

将“咖啡豆”背景图层变为当前图层，执行“滤镜”→“模糊”→“高斯模糊”，在弹出的对话框中把半径设置为9像素，如图9-33所示。

图9-33　高斯模糊

步骤7:

点击“确定”后得到背景模糊的效果，如图9-34所示。

图9-34　背景模糊的效果

步骤8:

将“海浪”素材打开，如图9-35所示。

图9-35　“海浪”素材

步骤9:

打开通道面板，分别单击红、绿、蓝三个颜色通道观察，选择对比度最明显的红色通道并复制，得到“红副本”通道，如图9-36所示。

图9-36　复制红通道

步骤10:

在菜单中单击“图像”→“调整”→“曲线”，在曲线面板中调整画面对比度，使画面黑白对比更加明显，如图9-37所示。

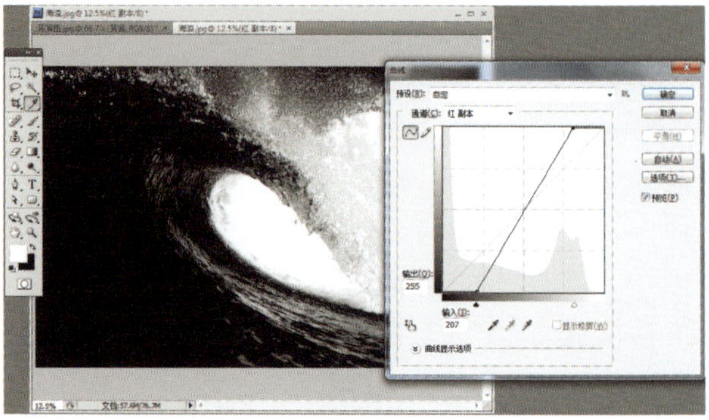

图9-37　曲线调整对比度

步骤11:

用黑色、白色画笔分别对黑白区域进行填涂，如图9-38所示。

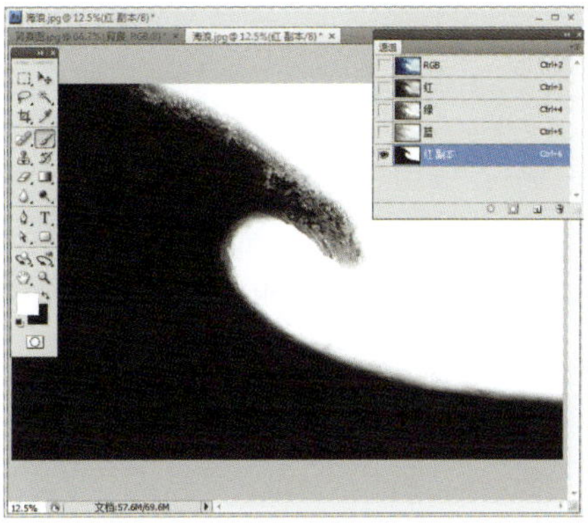

图9-38　填涂黑白区域

步骤12:

按Ctrl键单击“红副本”通道，得到选区后将白色部分选中，执行“选择”→“反选”，用选区将黑色部分选中，如图9-39所示。

图9-39　反选

步骤13:

打开图层面板，将“海浪”图层选为当前图层，用移动工具将海浪选区的图像移动到咖啡文件中，调整海浪大小，如图9-40所示。

图9-40　调整海浪大小

步骤14:

执行“编辑”→“变换”→“水平翻转”，得到翻转后的图像，如图9-41所示。

图9-41　水平翻转

步骤15:

将“海浪”图层设置为当前图层，执行“图像”→“调整”→“色相/饱和度”，在弹出的对话框中设置参数，如图9-42所示。

图9-42　设置海浪色相/饱和度

步骤16:

执行“图像”→“调整”→“色彩平衡”，适当调整色彩平衡，如图9-43所示。

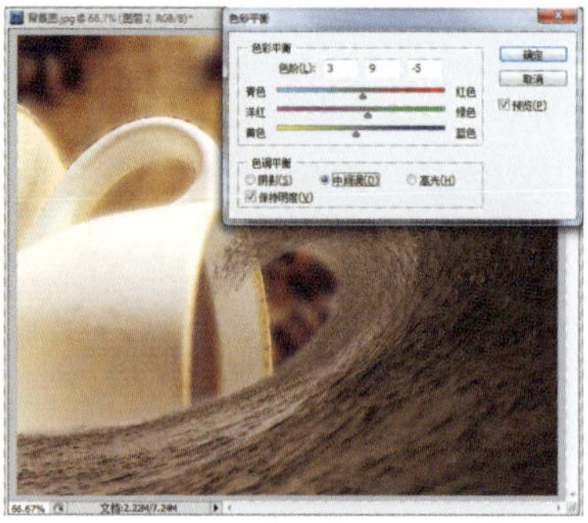

图9-43　设置海浪色彩平衡

步骤17:

执行“图像”→“调整”→“曲线”，继续调整画面咖啡颜色对比度，如图9-44所示。

图9-44　调整咖啡颜色对比度

步骤18:

将“海浪”图层选为当前图层，执行“图层”→“图层蒙版”→“显示全部”，创建图层蒙版，将前景色设置为黑色，用画笔将海浪左边部分图像隐藏，如图9-45所示。

图9-45　将海浪部分图像隐藏

步骤19:

打开“咖啡匙”图像，用钢笔工具勾画并转换成选区，使用移动工具将其移动到文件中，并进行旋转、缩放到合适大小，如图9-46所示。

图9-46 咖啡匙旋转、缩放

步骤20:

将“咖啡匙”图层作为当前图层，执行“图层”→“图层蒙版”→“显示全部”，创建图层蒙版，将前景色设置为黑色，用画笔涂抹将咖啡匙下半部分图像隐藏，如图9-47所示。

图9-47 将咖啡匙部分图像隐藏

步骤21:

执行“文件”→“打开”，将标志素材打开，如图9-48所示。

图9-48 标志素材

步骤22:

打开通道面板，查看各通道标志与背景的对比度，绿色通道标志与背景区别较明显，复制绿色通道，如图9-49所示。

图9-49 复制绿色通道

步骤23:

执行“图像”→“调整”→“曲线”，使用曲线命令将图像标志调整得更清晰，将背景图褪色，如图9-50所示。

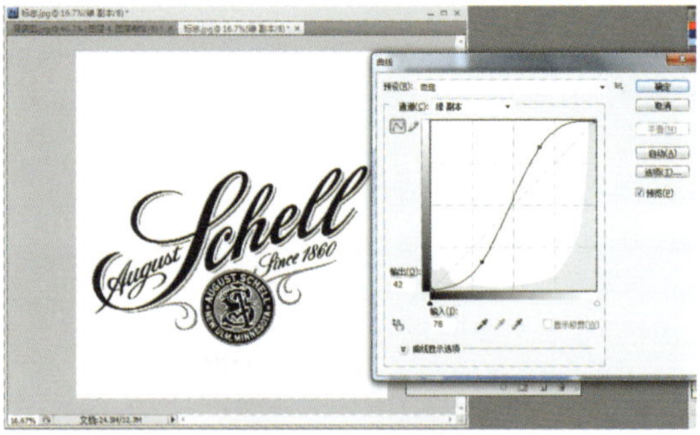

图9-50　调整标志

步骤24:

按Ctrl键并单击“绿副本”通道，激活文字选区，如图9-51所示。

步骤25:

回到图层面板中，将刚才激活的选区填充白色，如图9-52所示。

图9-51　激活文字选区

图9-52　填充白色

步骤26:

选择移动工具将选区内的图像拖拽至咖啡文件中，如图9-53所示。

步骤27:

选择渐变工具，在属性栏上编辑渐变色，用线性填充，设置为中间白色两边浅金黄色，如图9-54所示。

图9-53　添加标志

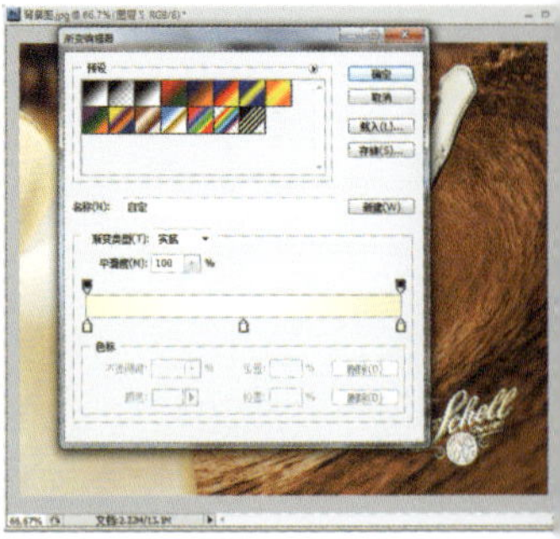

图9-54　填充线性渐变色

步骤28:

单击确定得到最终效果，如图9-55所示。

图9-55　最终效果

9.6 练习

1. 选择题

（1）扫描输入的图像往往会有一些偏色，这种类型的图像往往只需要调整某一个通道即可。用“图像”→“调整”菜单下的哪些命令可以实现？（ ）

A．色阶　B．曲线　C．替换颜色　D．色彩平衡

（2）下列哪些操作可以实现选区的羽化？（ ）

A．如果使用矩形选框工具，可以先在其工具选项栏中设定“羽化”数值，然后在图像中拖拉创建选区

B．如果使用魔棒工具，可以先在其工具选项栏中设定“羽化”数值，然后在图像中单击创建选区

C．对于图像中已经创建好的没有羽化边缘的选区，可以先将其存储在Alpha 通道中，然后对Alpha 通道执行“滤镜”→“模糊”→“高斯模糊”，再载入选区

D．对于图像中已经创建好的没有羽化边缘的选区，可通过“选择”→“羽化”命令来实现羽化程度的数字化控制

（3）如果图像中有Alpha 通道，并需要将其保留下来，应将其存储为什么格式？（ ）

A．PSD（Photoshop 格式）

B．JPEG

C．DCS 1.0

D．TIFF

2. 问答题

（1）什么是通道？什么是专色通道，怎么建立专色通道并保存？

（2）通道和蒙版有什么关系？

（3）Alpha通道是什么概念？有几种方法建立Alpha通道？

3. 操作题

利用通道抠图的方法，将图9-56中的人物背景更换成其他背景。

图9-56

创作作品欣赏

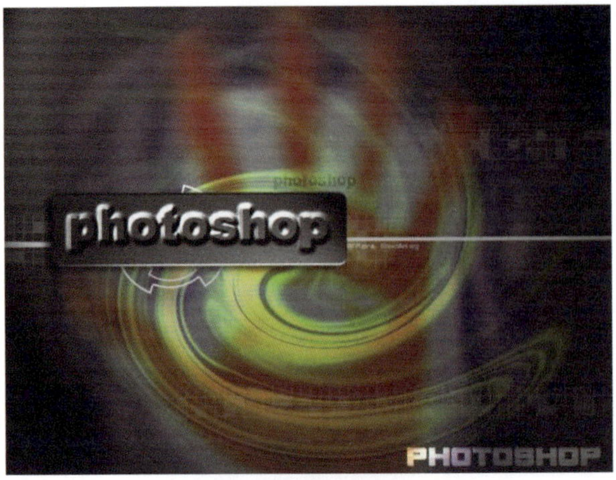

浮雕字效果

原图

效果图

原图

效果图

第10章　Photoshop滤镜

Photoshop中提供了上百种滤镜，我们无须耗费大量的时间和精力就可以快速地制作出如晶格化、浮雕效果、水彩画等各种特效。本章主要学习如何利用滤镜命令巧妙地制作各种特殊效果的方法。

10.1　滤镜概述

滤镜是Photoshop软件中最精彩的内容，是用来产生图像特殊效果的工具。例如，一幅摄影作品通过不同滤镜命令的处理可以使其呈现出水彩画效果或者油画效果，或在作品上加上闪光灯效果，或将二维的图像变为三维图像等。“滤镜”命令菜单主要包括上次滤镜操作、液化、像素化、扭曲、杂色、模糊、渲染、画笔描边、素描、纹理、艺术效果、视频、锐化、风格化、其他和Digimarc等命令。

另外，Photoshop也支持许多第三方设计的外挂滤镜。只要将外来的滤镜文件安装到名字为Plug-Ins文件夹（及其子文件）中，重新启动Photoshop后，这些滤镜的使用命令就会在“滤镜”菜单底部出现，与内建滤镜一样使用。“滤镜”菜单如图10-1所示。

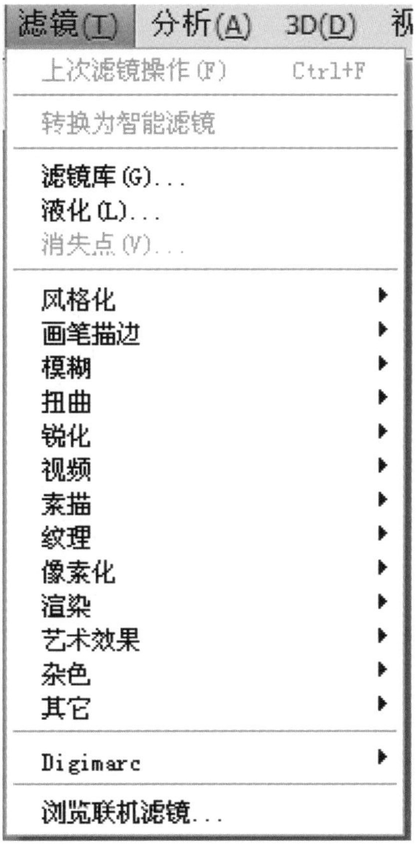

图10-1 “滤镜”菜单

10.2 液化

10.2.1 简介

使用液化滤镜可以对图像进行各种各样的变形操作，达到如旋转扭曲、挤压、膨胀等艺术效果。

图10-2 原图与效果图

10.2.2 实例

利用液化滤镜把衣服的纹理变小。

步骤1:

打开图像文件。

步骤2:

单击“滤镜”菜单中的“液化”命令，出现对话框，如图10-3所示。

图10-3

步骤3:

选择“褶皱工具”，调节画笔大小，在图10-5所示位置进行操作。

图10-4

图10-5

步骤4:

填充完毕，单击“好”按钮，如图10-6所示为最后分离出来的图像效果。

图10-6

10.3 像素化

像素化滤镜主要是将图像进行不同程度地分块处理，使图像分解成肉眼可见的像素颗粒，如方形、不规则多边形和点状等，视觉效果就是图像由不同色块组成。常用滤镜制作的效果展示图，如图10-7至图10-12所示。

图10-7 原图

图10-8 彩色半调

图10-9 点状化

图10-10 晶格化

图10-11 铜版雕刻

图10-12 马赛克

10.4 扭曲

扭曲滤镜又称破坏性滤镜，可以使图像产生多种样式的扭曲变形效果，多用于特技处理，其效果具有抽象画般的美感。这些滤镜在运行时一般会占用较多的内存空间。常用滤镜制作的效果展示图，如图10-13至图10-18所示。

图10-13 原图

图10-14 切变

图10-15 挤压

图10-16 旋转扭曲

图10-17 波浪

图10-18 球面化

10.5　杂色

杂色滤镜可以使图像按照一定的方式添加或移去杂点，适用于去除图像中的杂点和划痕等。常用滤镜制作的效果展示图，如图10-19至图10-22所示。

图10-19　原图

图10-20　中间值

图10-21　添加杂色

图10-22　蒙尘与划痕

10.6　模糊

模糊滤镜主要是不同程度地减少相邻像素间颜色的差异，使图像产生柔和、模糊的效果。常用滤镜制作的效果展示图，如图10-23至图10-26所示。

图10-23　原图

图10-24　动感模糊

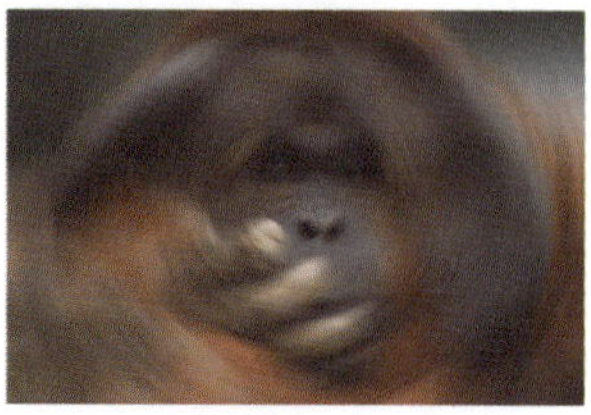

图10-25　径向模糊

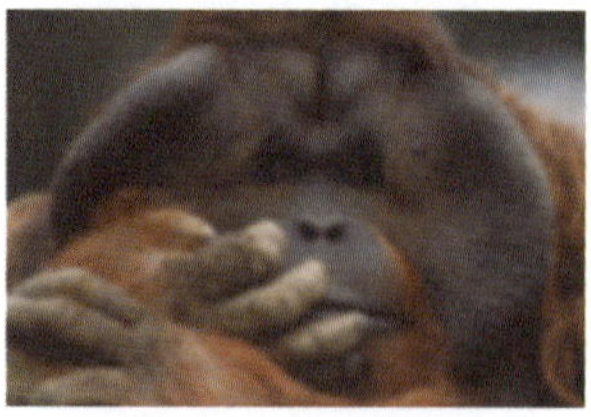

图10-26　高斯模糊

10.7　渲染

渲染滤镜可以改变图像的光感效果，能够制造出云彩效果以及纤维效果等。常用滤镜制作的效果展示图，如图10-27至图10-30所示。

图10-27　原图

图10-28　光照效果

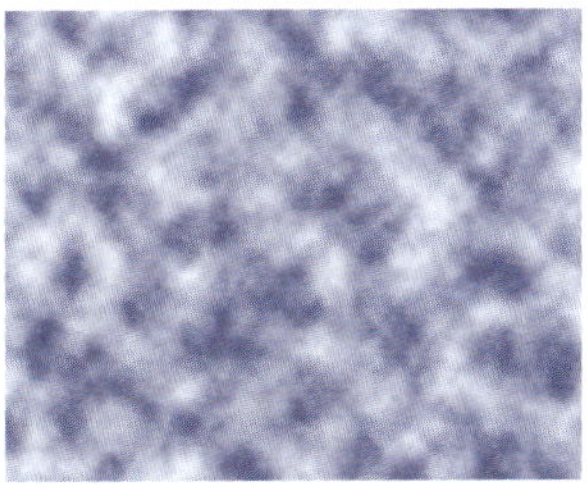

图10-29　云彩

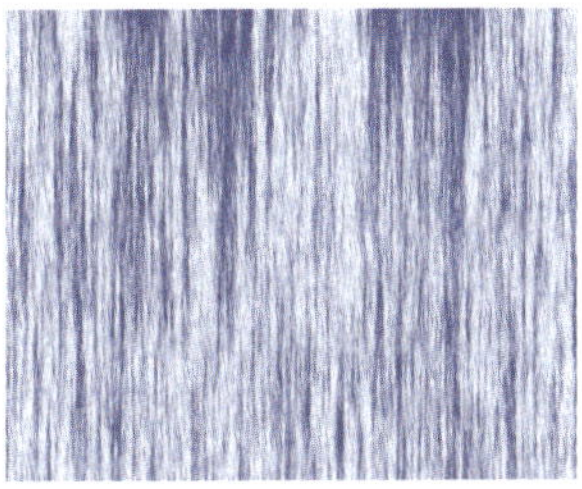

图10-30　纤维

10.8　画笔描边

画笔描边滤镜使用不同的画笔油墨来勾绘图像，可以处理边缘细节，使图像产生多样的艺术绘画效果。常用滤镜制作的效果展示图，如图10-31至图10-36所示。

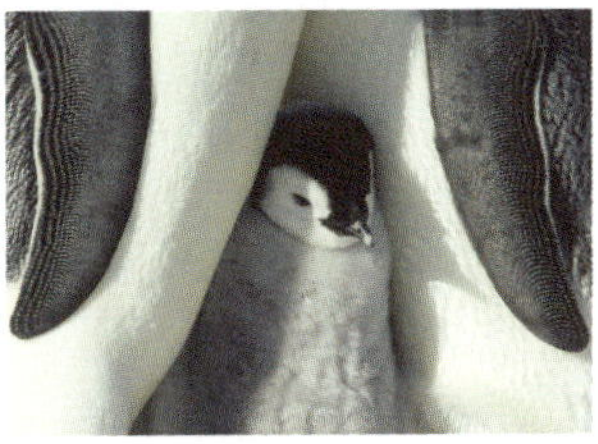

图10-31　原图

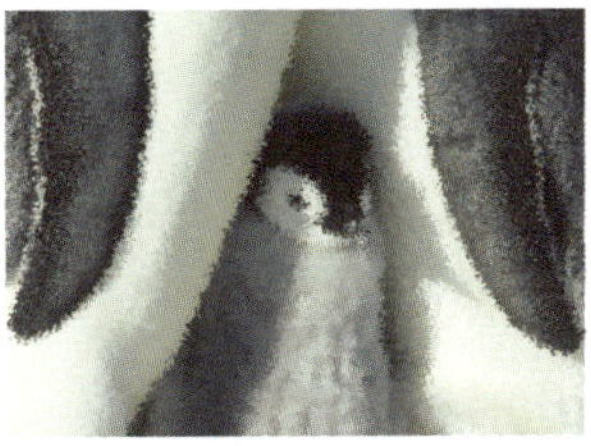

图10-32　喷溅

图10-33　喷色描边

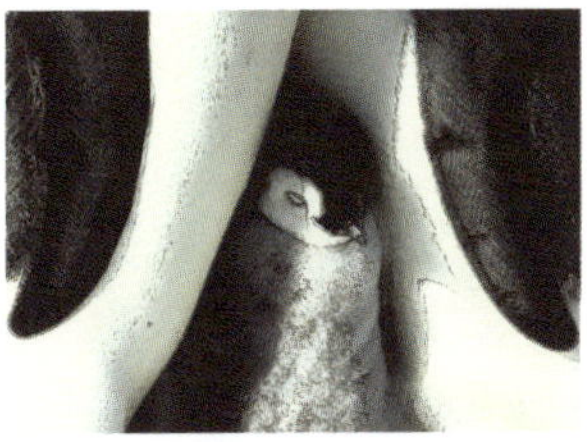

图10-34　墨水轮廓

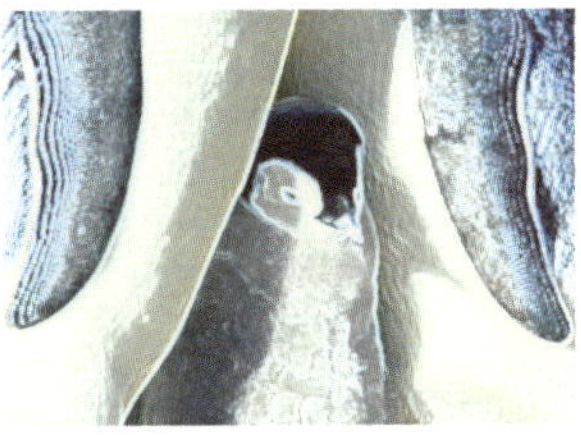

图10-35　强化边缘

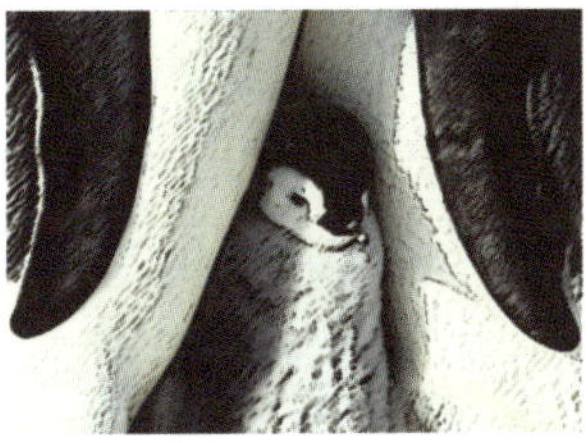

图10-36　烟灰墨

10.9　素描

素描滤镜可以为图像增加纹理或使用其他方式重绘图像，最终获得手绘图像的效果。常用滤镜制作的效果展示图，如图10-37至图10-42所示。

图10-37　原图

图10-38　便条纸

图10-39　绘图笔

图10-40　基底凸现

图10-41　塑料效果

图10-42　炭笔

10.10　纹理

纹理滤镜主要用于生成具有纹理效果的图案，使图像具有质感。该滤镜在空白画面上也可以直接操作，并能生成相应的纹理图案。常用滤镜制作的效果展示图，如图10-43至图10-48所示。

图10-43　原图

图10-44　拼缀图

图10-45　染色玻璃

图10-46　纹理化

图10-47　龟裂缝

图10-48　马赛克

10.11 艺术效果

艺术滤镜就像一位熟悉各种绘画风格和绘画技巧的艺术大师，可以使一幅平淡的图像变成大师的作品，且绘画形式不拘一格。它能产生油画、水彩画、铅笔画、粉笔画、水粉画等各种不同的艺术效果。常用滤镜制作的效果展示图，如图10-49至图10-54所示。

图10-49　原画

图10-50　塑料包装

图10-51　壁画

图10-52　彩色铅笔

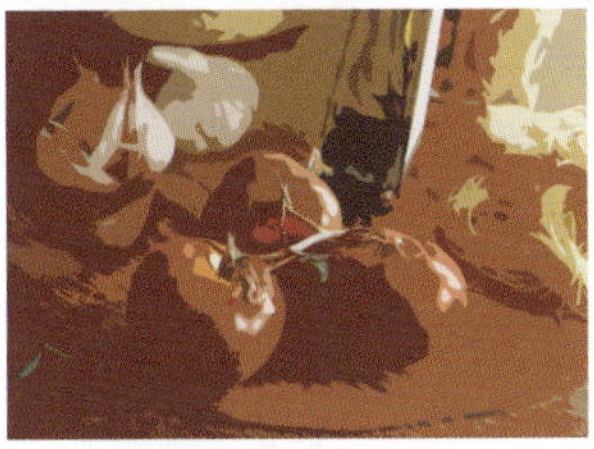

图10-53　木刻

图10-54　粗糙蜡笔

10.12 锐化

锐化滤镜可以通过增加相邻像素的对比度，聚合模糊的图像，从而起到一定程度的清晰化作用。适用于扫描图像、不清晰图像的清晰化操作。常用滤镜制作的效果展示图，如图10-55至图10-57所示。

图10-55　原图

图10-56　进一步锐化

图10-57　USM锐化

10.13 风格化

风格化滤镜通过置换像素并且查找和提高图像中的对比度，产生一种绘画式或印象派的艺术效果。常用滤镜制作的效果展示图，如图10-58至图10-63所示。

图10-58 原图

图10-59 凸出

图10-60 拼贴

图10-61 查找边缘

图10-62 浮雕效果

图10-63 照亮边缘

10.14 实例

10.14.1 衬衫加布纹效果

图10-64 原图

图10-65 效果图

步骤1:

打开人物图像，如图10-66所示。

图10-66

步骤2:

执行“图像”→“调整”→“去色”，如图10-67所示。

图10-67

步骤3:

执行“图像”→“调整”→“色阶”，调整输入色阶数值，暗部为13，中间色为1.00，亮部为236，点击“确定”，如图10-68所示。

图10-68

步骤4:

执行“滤镜”→“模糊”→“高斯模糊”，设置半径为1像数，点击“确定”，如图10-69所示。

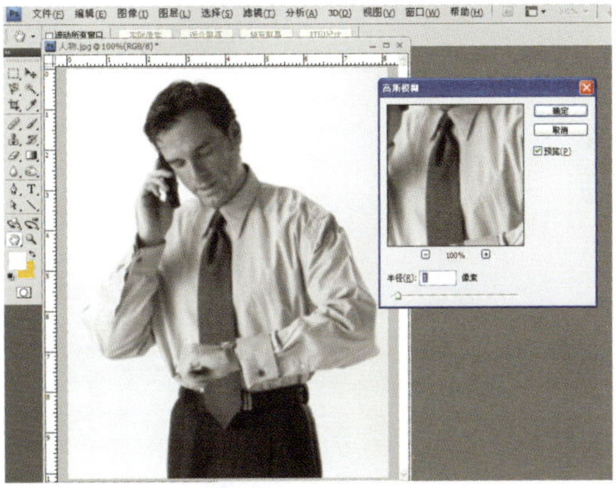

图10-69

步骤5:

执行“文件”→“存储为”，将文件名改为“人物2”，改储存格式为PSD格式，选择能再次找到的储存位置，点击“保存”，如图10-70所示。

图10-70

步骤6:

重新打开人物图像，如图10-71所示。

步骤7:

打开布料图像，如图10-72所示。

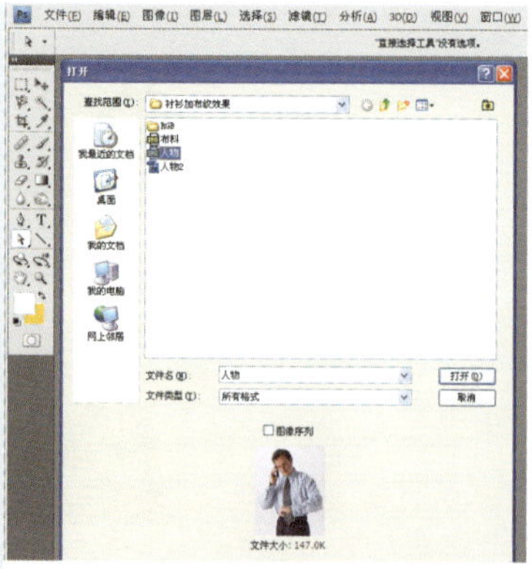

图10-71

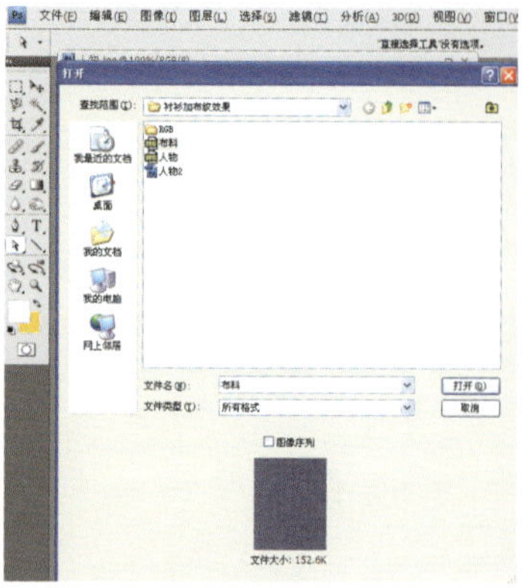

图10-72

步骤8:

用移动工具将布料图像移到人物图像上面，如图10-73所示。

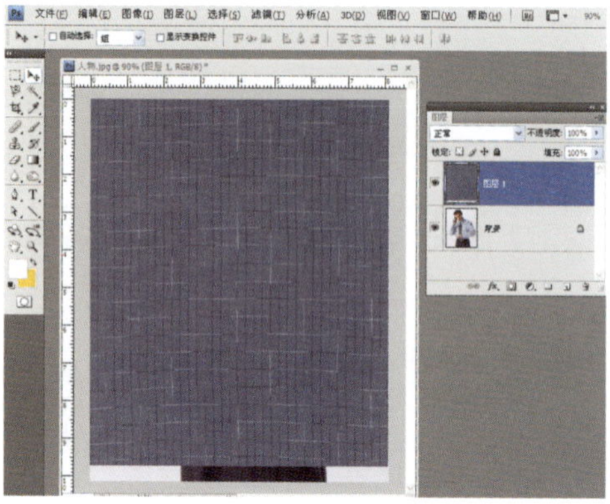

图10-73

步骤9:

执行“滤镜”→“扭曲”→“置换”，保持置换设置不变，点击“确定”，如图10-74所示，接着在选择一个置换图的对话框中找到步骤5中储存的“人物2”文件，点击“打开”，如图10-75所示。

图10-74

图10-75

步骤10:

得到如图10-76所示效果，接着将“图层1”的眼睛关闭，选择背景，用磁性套索工具将人物的衣服部分进行选择，如图10-77所示。

图10-76

图10-77

步骤11:

回到“图层1”，打开图层的眼睛，如图10-78所示。

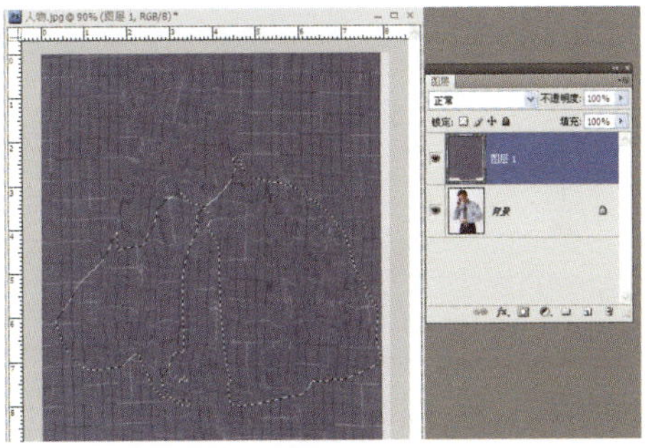

图10-78

步骤12:

执行“选择”→“反向”，按Delete键删除多余的布料，如图10-79所示。

图10-79

步骤13:

取消选择，在图层控制面板中将“图层1”的模式改为“正片叠底”，如图10-80所示。

图10-80

步骤14:

在图层控制面板中，选择“创建新图层”→“色相/饱和度”，接着执行“图层”→“创建剪贴蒙版”，如图10-81所示。

图10-81

步骤15:

调整“色相/饱和度”的设置，色相为-45，饱和度为+65，明度为+10，如图10-82所示。

图10-82

步骤16:

最终效果如图10-83所示。

图10-83

10.14.2 电子表嵌人体特效

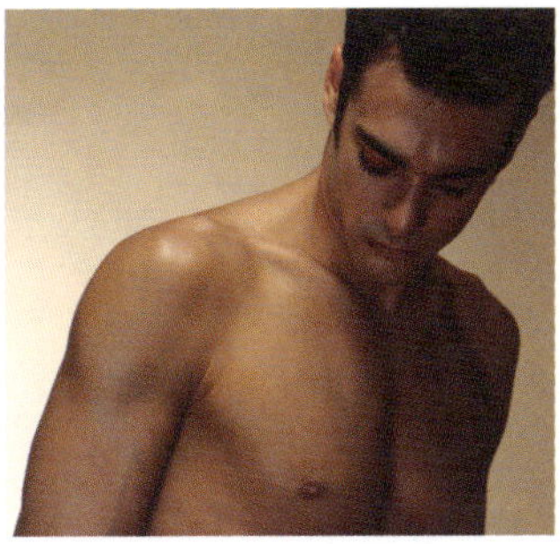

图10-84 原图

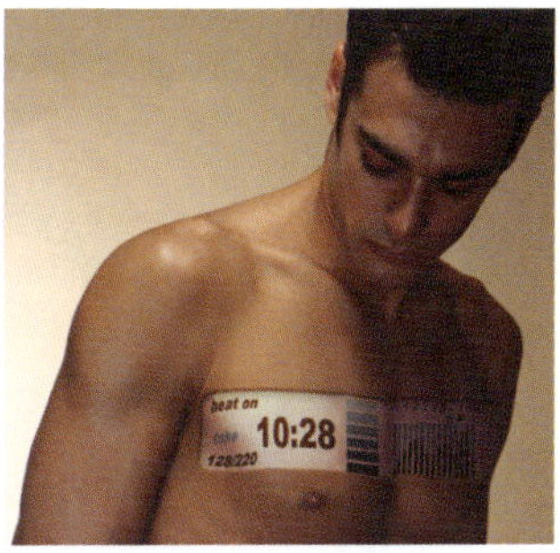

图10-85 效果图

步骤1:

打开文件名叫“男人”的图像，如图10-86所示。

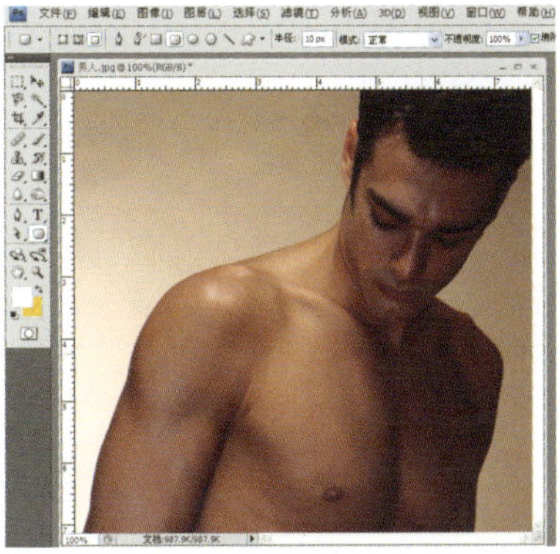

图10-86

步骤2:

执行“图像”→“调整”→“去色”，如图10-87所示。

图10-87

步骤3:

执行“滤镜”→“模糊”→“高斯模糊”，设置半径为3像素，点击“确定”，如图10-88所示。

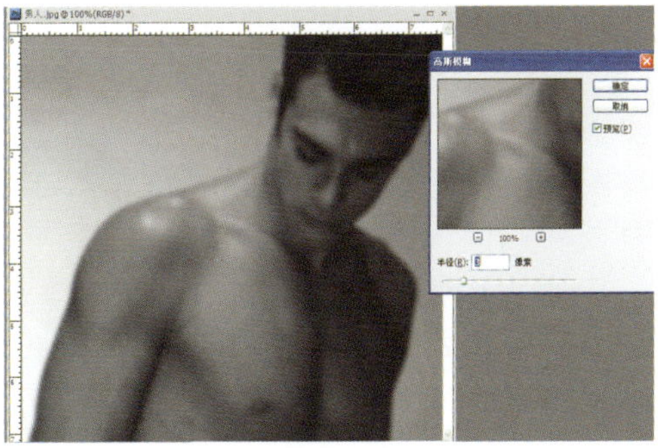

图10-88

步骤4:

执行“文件”→“存储为”，将文件名改为“男人2”，改储存格式为PSD格式，选择能再次找到的储存位置，点击“保存”，如图10-89所示。

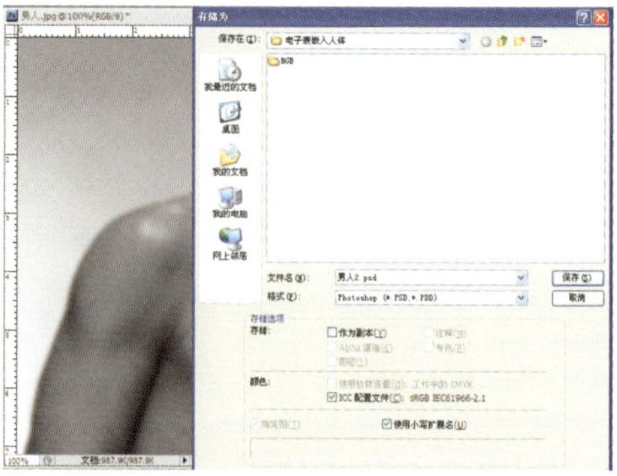

图10-89

步骤5:

重新打开“男人”图像，如图10-90所示。

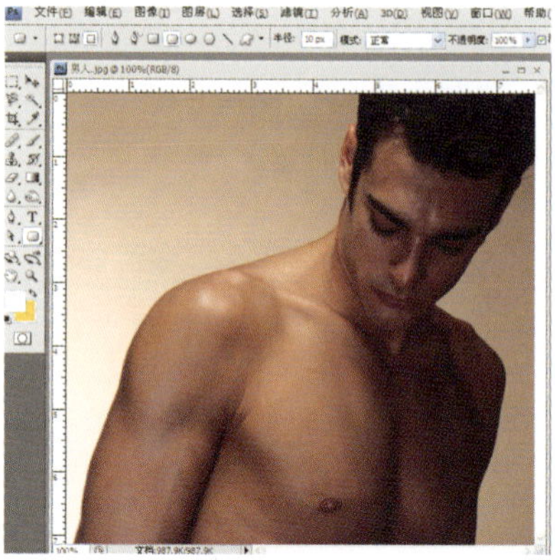

图10-90

步骤6:

新建“图层1”，用圆角矩形工具，绘制浅蓝色的圆角矩形，如图10-91所示。

图10-91

步骤7:

在图层控制面板下方添加图层样式：内阴影，距离为2像素，阻塞为10%，大小为2像素，具体设置如图10-92所示。接着添加斜面和浮雕，其具体设置如图10-93所示。

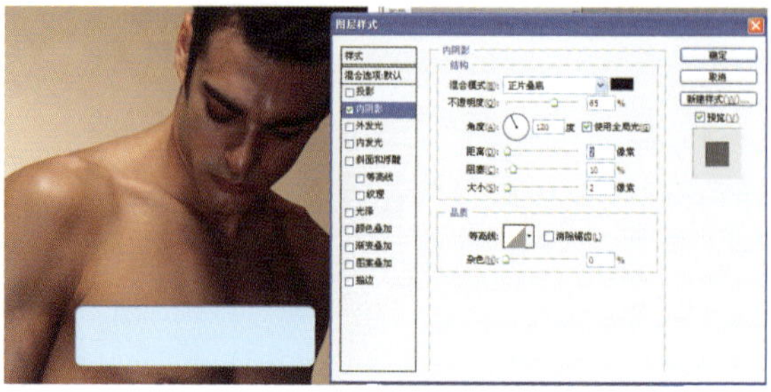

图10-92

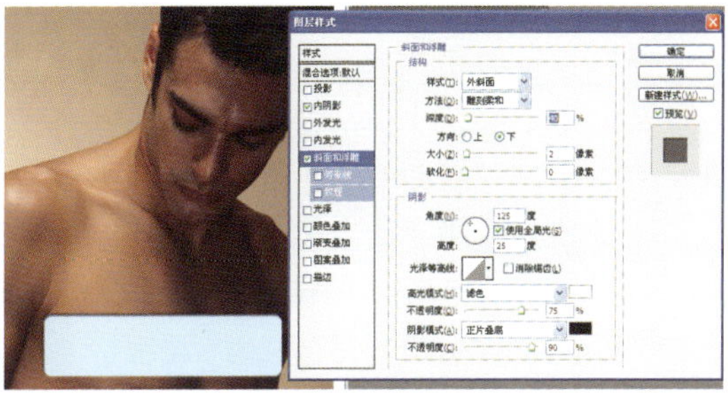

图10-93

步骤8:

新建“图层2”，在“图层2”上用矩形选框工具绘制如图10-94所示效果。

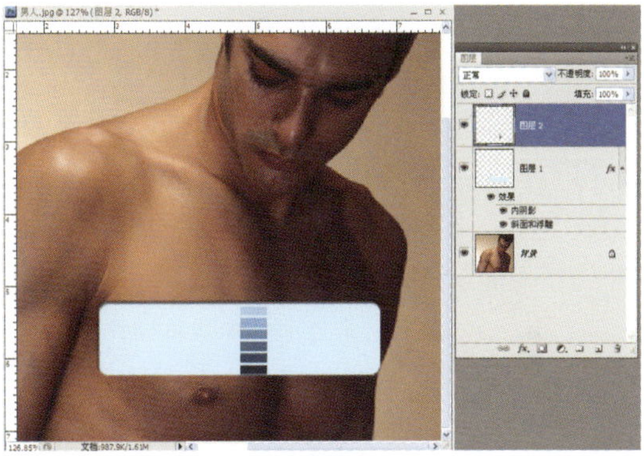

图10-94

步骤9:

新建“图层3”，在“图层3”上面用矩形选框工具，绘制黑色竖条形，效果如图10-95所示。

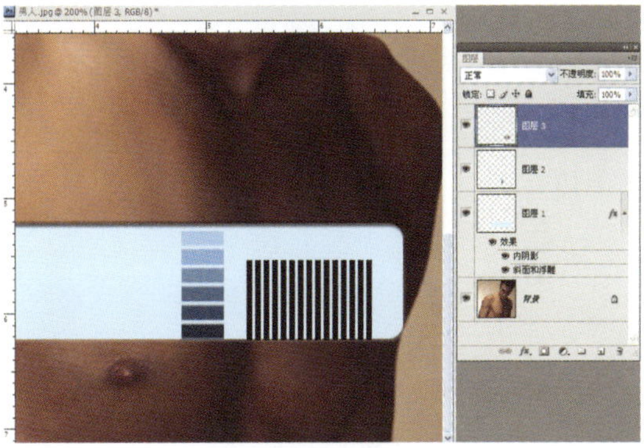

图10-95

步骤10:

选择“图层3”的黑色竖条形（Ctrl键+点击“图层3”图框），再用套索工具，左手按住Alt键，右手鼠标框选下半部分对黑色矩形进行减选，得到如图10-96所示效果。

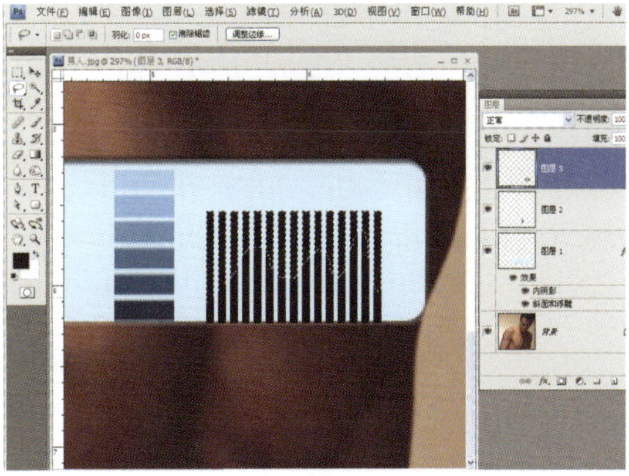

图10-96

步骤11:

将黑色竖条形上半部分色彩填充为浅蓝色，接着再分别输入文字将画面绘制完整，所得效果如图10-97所示。

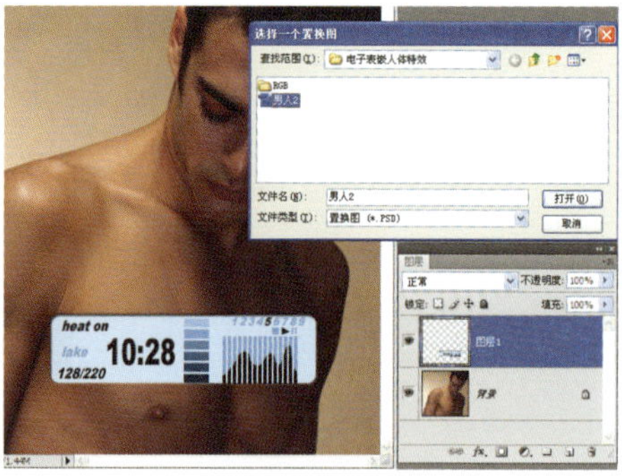

图10-97

步骤12:

将以上所绘制的各个图层进行合并，所得效果如图10-98所示。

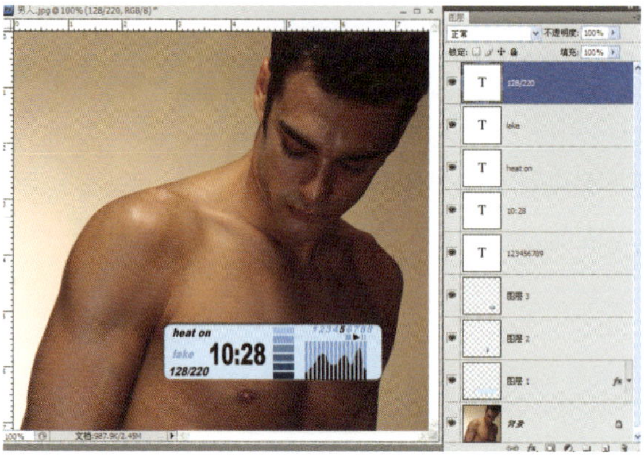

图10-98

步骤13:

执行“滤镜”→“扭曲”→“置换”，保持置换设置不变，点击“确定”，如图10-99所示，接着在选择一个置换图的对话框中找到步骤4中储存的“男人2”文件，点击“打开”，如图10-100所示，便可得到如图10-101所示效果。

图10-99

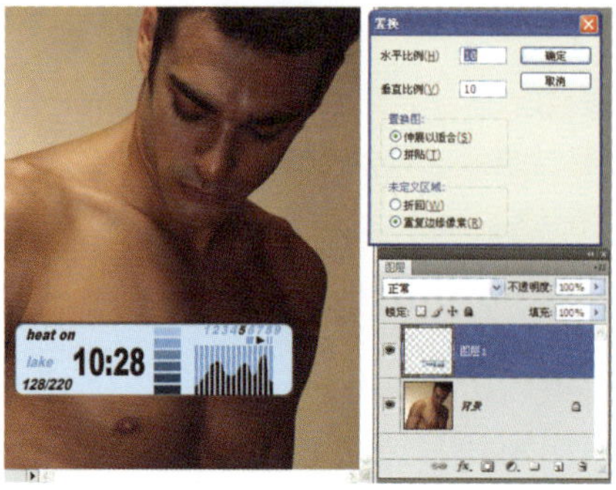

图10-100

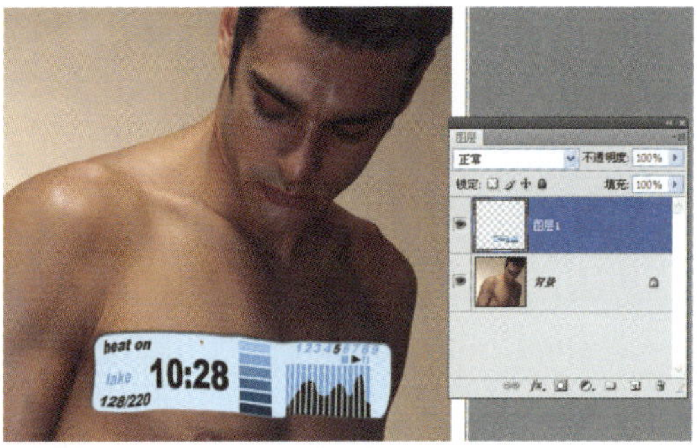

图10-101

步骤14:

在图层控制面板中，将“图层1”的模式改为叠加，不透明度改为75%，如图10-102所示。

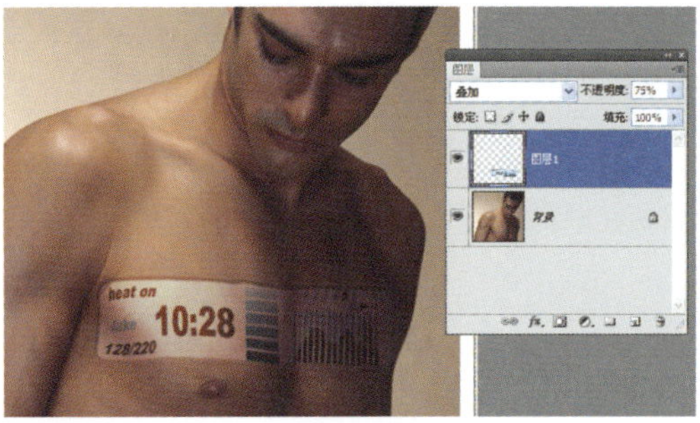

图10-102

步骤15:

复制“图层1”得到“图层1”副本，将不透明度改为25%，如图10-103所示。

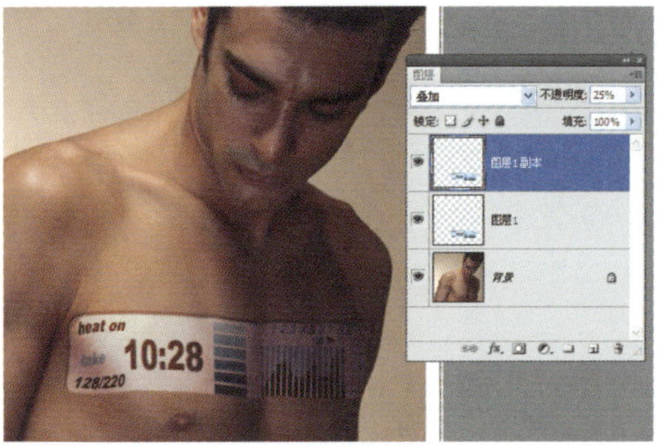

图10-103

步骤16:

在图层控制面板下方添加图层样式：内阴影，距离为8像素，阻塞为0%，大小为30像素，具体设置如图10-104所示。

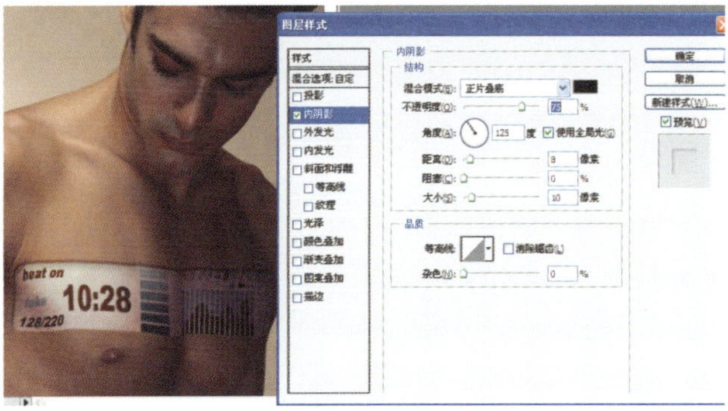

图10-104

步骤17:

添加内发光，将发光色改为黑色，阻塞为10%，大小为15像素，具体设置如图10–105所示。点击“确定”后便可得到如图10–106所示效果。

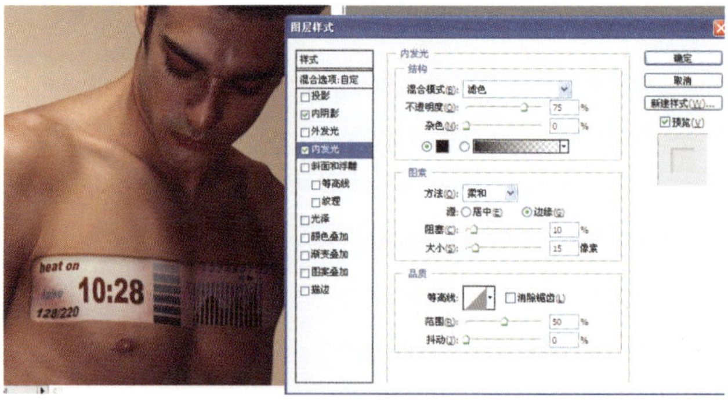

图10–105

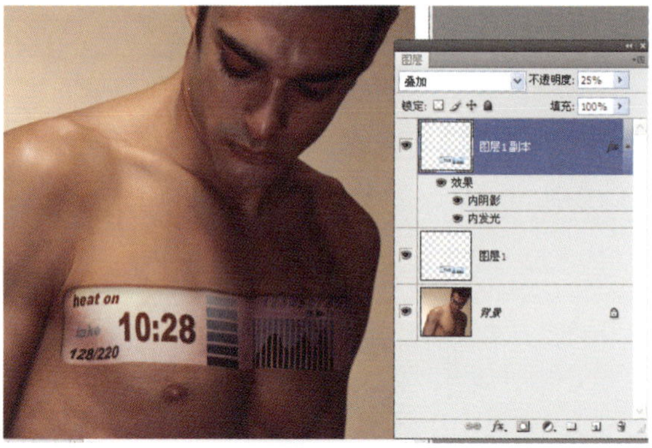

图10–106

步骤18:

最终效果如图10–107所示。

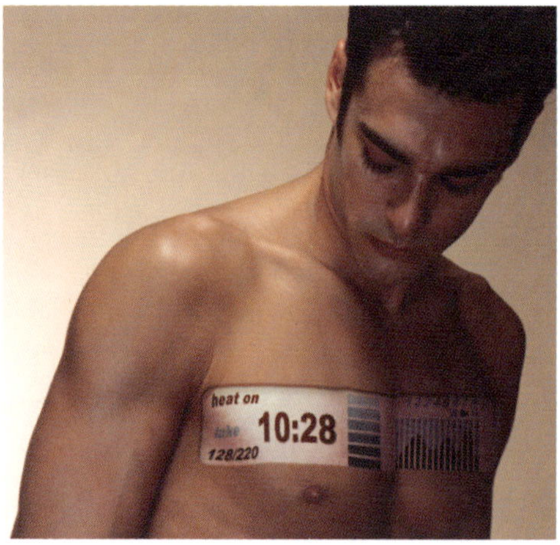

图10–107

10.15 练习

1. 选择题

（1）下列哪个滤镜可以用于去除印刷作品网点？（ ）

A．高斯模糊 B．杂色/去斑 C．杂色/蒙尘与划痕 D．以上都不对

（2）抽出滤镜用在哪方面？（ ）

A．产生波纹效果 B．产生羽化效果 C．抠像 D．使图像变形

（3）执行滤镜中的任何一个命令后，如要重复应用该命令，只需按哪个快捷键即可？（ ）

A．Ctrl+T B．Ctrl+F C．Alt+F D．Shift+T

2. 问答题

（1）杂色滤镜包括哪几部分？

（2）滤镜的主要作用是什么？

（3）“查找边缘”是哪个滤镜中的命令？

3. 操作题

自找图像制作蜡笔效果。

第11章　Photoshop综合实例

本章主要针对实际应用设计进行讲解。很多人在利用Photoshop进行设计的时候，遇到的最大问题不是对软件功能的掌握，而是能否激发完美的创意，并灵活应用各项功能进行设计，创作出优秀的设计作品。

11.1　水滴字制作

制作如图11-1所示的效果。

图11-1　最终效果

步骤1:
打开素材图11-2。

图11-2

步骤2:

输入文字“GREEN”，如图11-3、图11-4所示。

图11-3

图11-4

步骤3:

在图层面板中选择文本图层下方的背景层，单击图层面板下端的“创建新图层”按钮，在其上创建“图层1”，如图11-5所示。

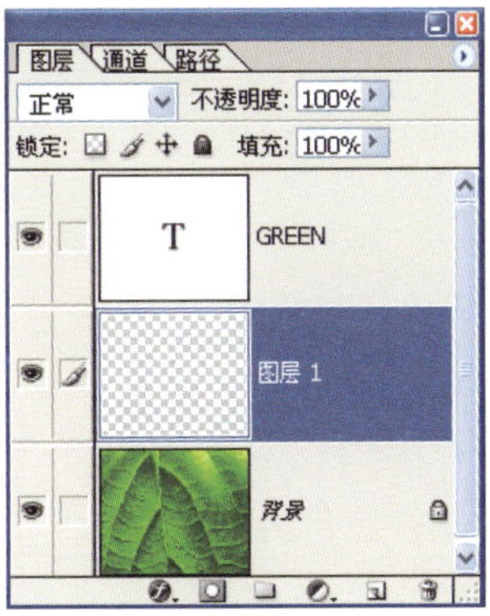

图11-5

步骤4:

设置前景色为黑色，背景色为白色。在菜单栏执行“滤镜”→“渲染”→“云彩”（每次应用Cloud滤镜时其形态都会发生变化，因此一直按快捷键Ctrl+F将该命令执行到出现满意效果为止），如图11-6所示。

图11-6

步骤5:

制作水珠形状，执行“滤镜”→“素描”→“图章”，打开“滤镜效果”对话框，调节明暗平衡、平滑度，暗调的部分变成了水珠形状，如图11-7、图11-8所示。

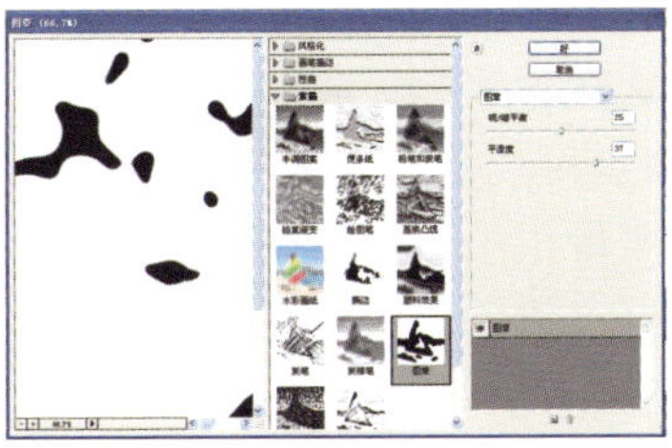

图11-7

图11-8

步骤6:

选择文字图层，执行“滤镜”→“模糊”→“高斯模糊”（这时，画面上弹出提示对话框，询问是否将文本图层转换为一般图像图层，是否栅格化文字），点选“好”按钮，如图11-9所示。将“高斯模糊”的半径值设置为13像素，文字立刻变模糊了，如图11-10、图11-11所示。

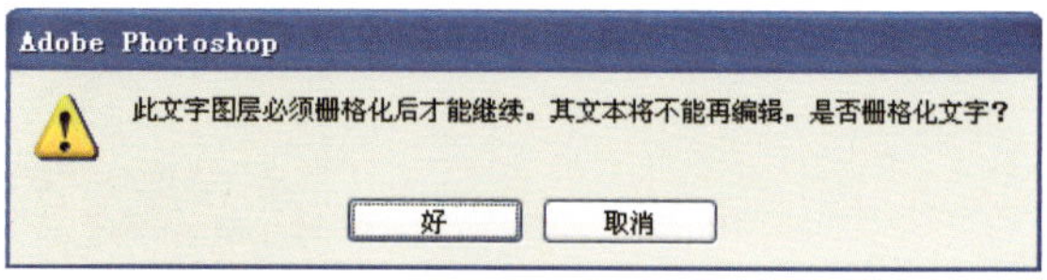

图11-9

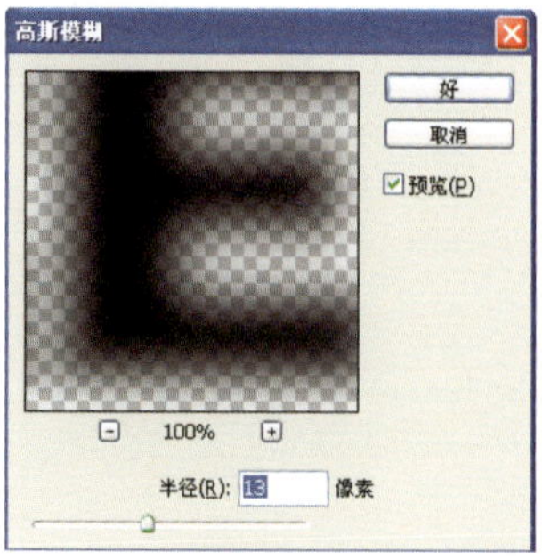

图11-10

图11-11

步骤7:

将文字图层与水滴图层进行合并，并执行“图像”→“调整”→“阈值”，将模糊文字的边缘处理清晰以后，其效果就柔和多了，如图11-12、图11-13、图11-14所示。

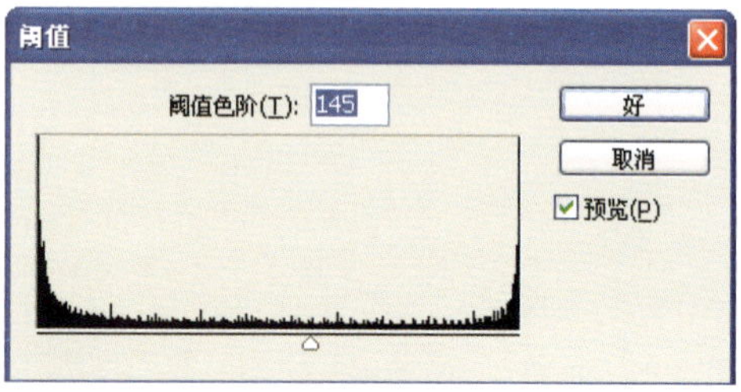

图11-12

图11-13

图11-14

步骤8:

执行菜单栏“选择”→“色彩范围”，打开相应的对话框，在窗口中单击水珠图像指定为选区，然后将颜色容差设为100。这样只选择图像上的黑色区域，并点击“好”进行确认，如图11-15、图11-16所示。

图11-15

图11-16

步骤9:

进行选区反选，执行菜单栏“选择”→“反选”，按键盘上的Delete键，删除选区内白色的部分，再次反选（快捷键为Ctrl+Shift+I）并来到通道面板中，单击“将选区存储为通道”按钮，将水珠形态的选区保存到Alpha 1通道中，再取消选择（快捷键为Ctrl+D），如图11-17至图11-20所示。

图11-17

图11-18

图11-19

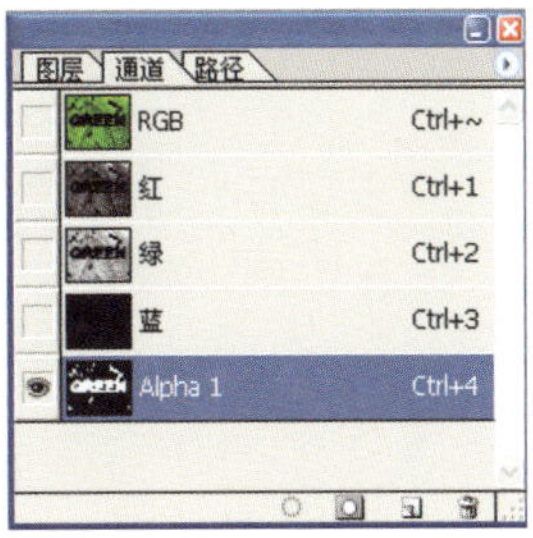

图11-20

步骤10:

粗糙处理通道内的图像，执行菜单栏“滤镜”→“扭曲”→“玻璃”，图像的边缘不要那么平整，如图11-21所示。

图11-21

步骤11:

柔和处理图像的边缘部分，执行菜单栏“滤镜”→“模糊”→“高斯模糊”，并将半径值设置为2像素，如图11-22、图11-23所示。

图11-22

图11-23

步骤12:

在通道面板中，按住Ctrl键单击Alpha通道形状的选区后，并执行反选（快捷键为Ctrl+Shift+I），如图11-24所示效果。

图11-24

步骤13:

在图层面板中，选择“图层1”，按键盘上的Delete键，删除选区图像，水珠边缘被删除得很不规则，并取消选择（快捷键为Ctrl+D），如图11-25、图11-26所示。

图11-25

图11-26

步骤14:

在水珠图层上应用样式，选中“图层1”，先将填充值设置为0%，并单击图层面板下端的“添加图层样式”按钮，选择“斜面与浮雕”，如图11-27、图11-28所示。

图11-27

图11-28

步骤15:

在“斜面与浮雕”对话框中，设置“结构”选项组中的深度为75%，大小为15像素，透明的水珠图像就从背景中凸显出来了，如图11-29、图11-30所示。

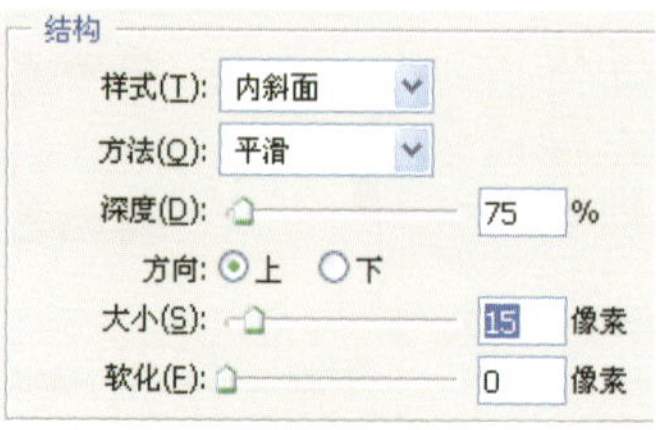

图11-29

图11-30

步骤16:

强调水滴内的透明度，在“斜面与浮雕”中的“阴影”中设置，取消“使用全局光”复选框的勾选，设置角度为135度，高度为75度，将高光的不透明度设置为100%，加强水珠图像左上角的高光效果，设置暗调颜色为白色，暗调模式为线性减淡，不透明度为25%，出现水珠右上部分因光线的折射而变亮的效果，如图11-31、图11-32所示。

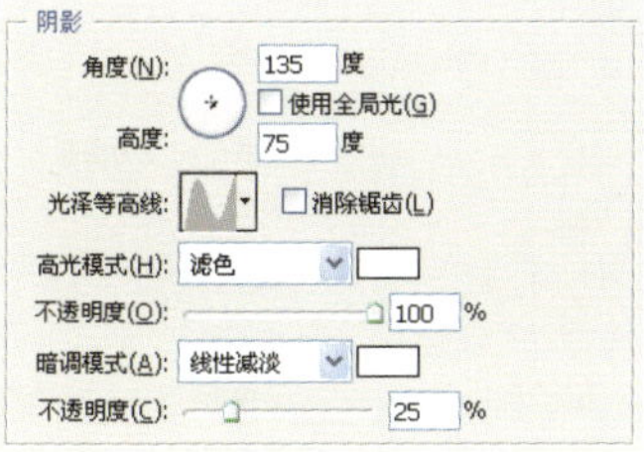

图11-31

图11-32

步骤17:

亮化水珠，增添“内阴影”选项。将混合模式设置为滤色，不透明度设置为40%，颜色设置为绿色，阻塞设置为10%，大小设置为40像素，则水珠的里侧受到光照后变亮了，如图11-33、图11-34所示。

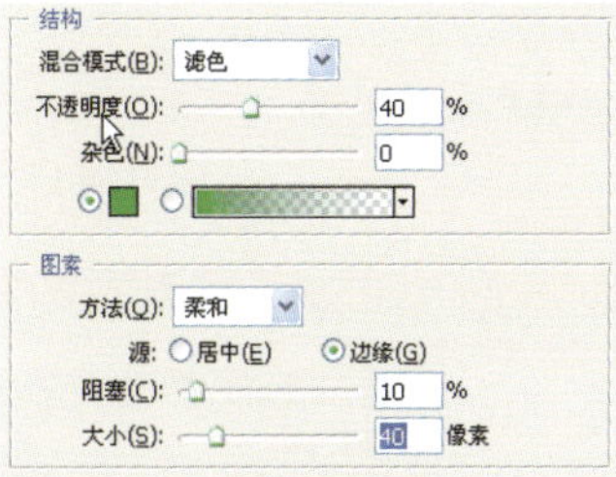

图11-33

图11-34

步骤18:

在图层样式面板中，继续增添“描边”选项，设置大小为3像素，位置为“外部”，不透明度为27%，颜色为深绿色，如图11-35、图11-36所示。

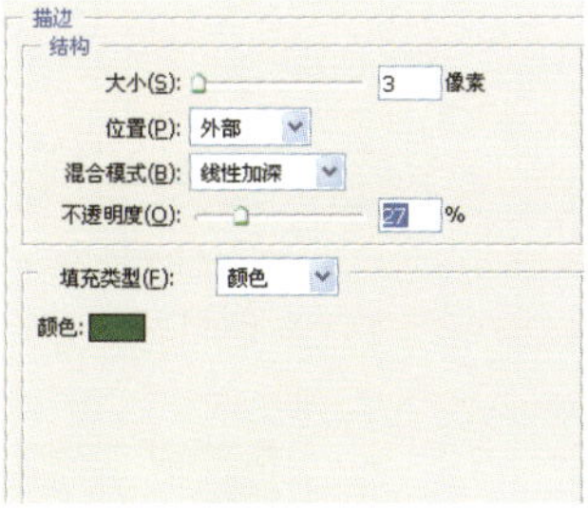

图11-35

图11-36

步骤19:

显现水珠的暗调部分。在图层样式面板中，增添“内阴影”，混合模式为正片叠底选项，并设置颜色为黑色，不透明度为56%，取消“使用全局光”复选框的勾选，再设置角度为132度，距离为16像素，大小为13像素，如图11-37所示。

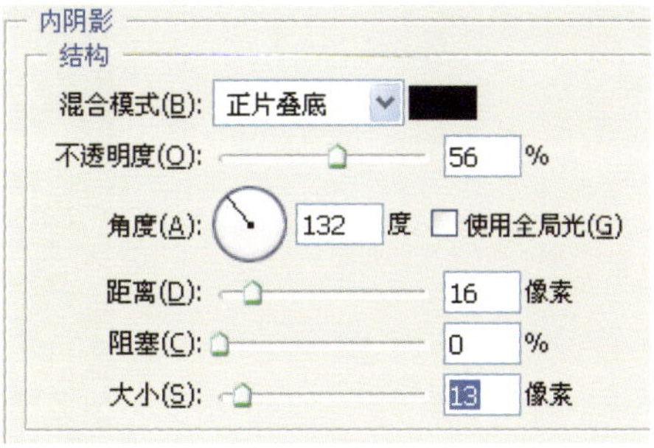

图11-37

步骤20:

设置水珠的阴影，增添“投影”选项，并设置混合模式为正片叠底，颜色为深绿色，不透明度为50%，取消“使用全局光”复选框的勾选，再设置角度为120度，距离为16像素，大小为9像素，水珠的右下端生成了阴影效果，如图11-38、图11-39 所示。

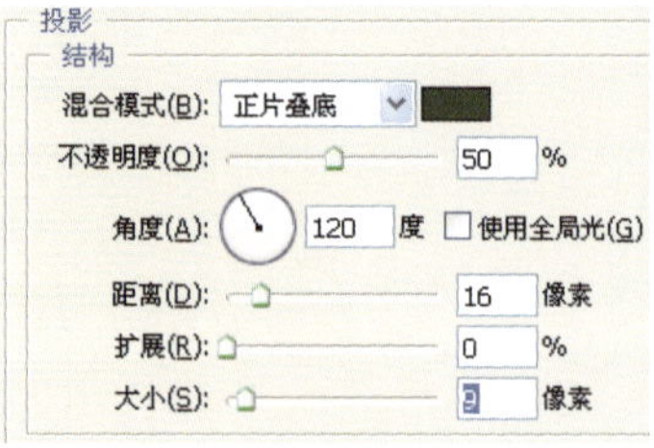

图11-38

图11-39

步骤21:

调亮阴影的内侧，调节等高线，如图11-40、图11-41所示。

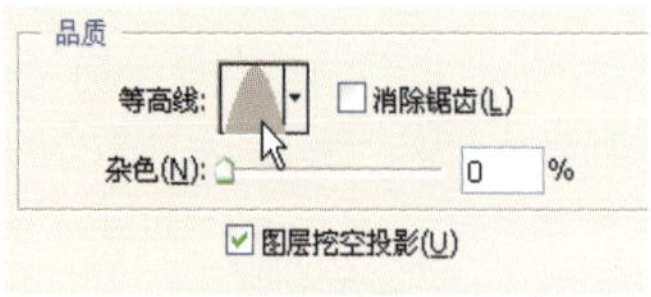

图11-40

图11-41

步骤22:

在“斜面与浮雕”的等高线中调整水珠的厚度，如图11-42、11-43所示。最终效果如图11-44所示。

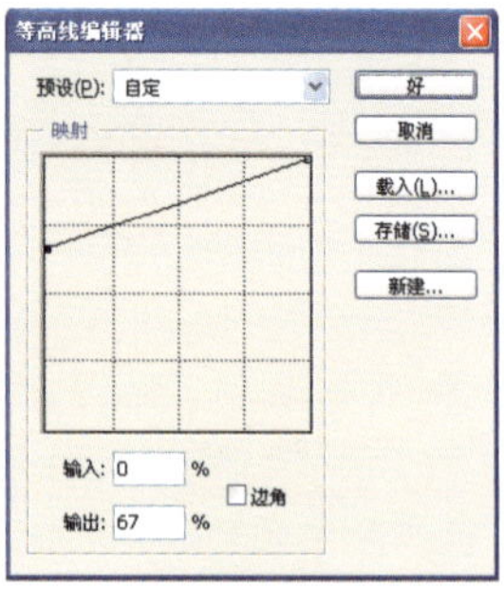

图11-42

图11-43

图11-44

11.2 Imac广告

设计如图11-45所示的效果。

图11-45

步骤1:

新建一个文件，设置文件尺寸。打开素材图片，并将其拖拽至新建的文件中得到“图层1”，再将其置于文件的左下方。按快捷键Ctrl+R，显示标尺，添加垂直、水平方向上的辅助线，如图11-46、图11-47所示。

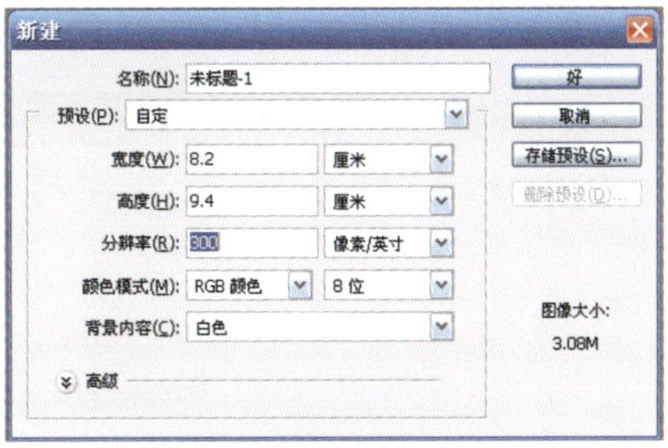

图11-46

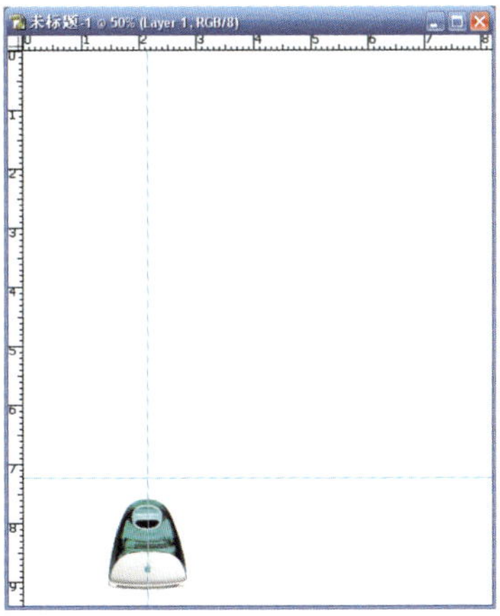

图11-47

步骤2:

复制“图层1”，并按Ctrl+T键，将图像的中心点调至辅助线的中心上，并设置顺时针旋转72度，调节“图层1副本”的颜色，如图11-48至图11-52所示。

图11-48

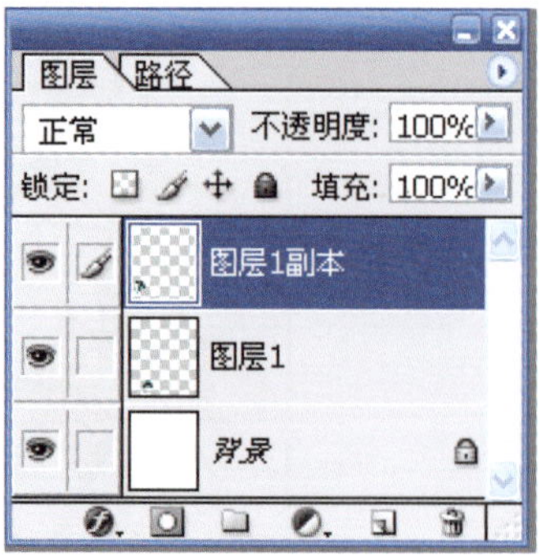

图11-49

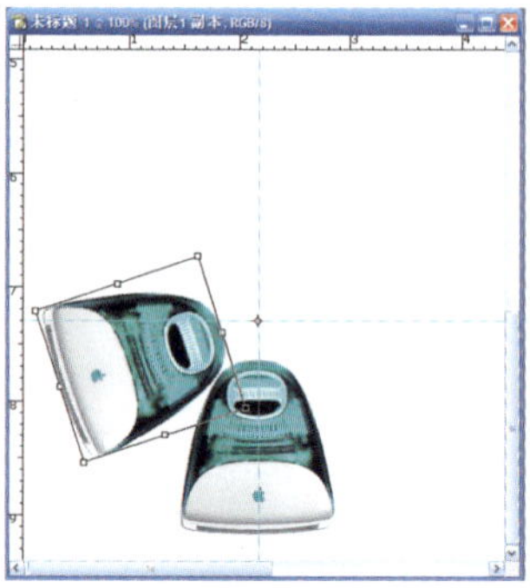

图11-50

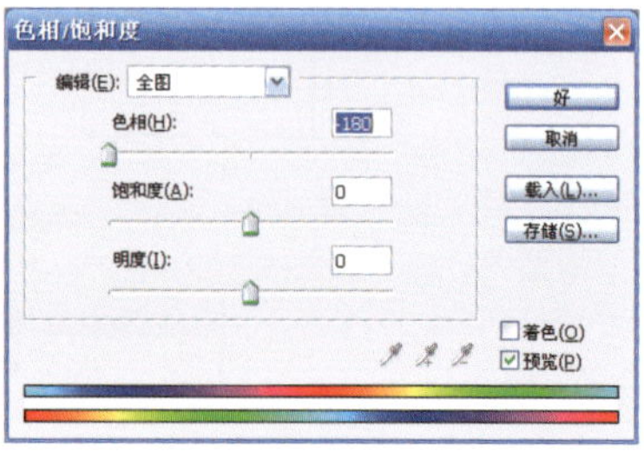

图11-51

图11-52

步骤3:

连续按Ctrl+Shift+ Alt+T键三次，得到三个红色的“苹果电脑”，分别对这三个电脑用“色相/饱和度”来调节颜色，合并图层命名为“图层1”，如图11-53、图11-54所示。

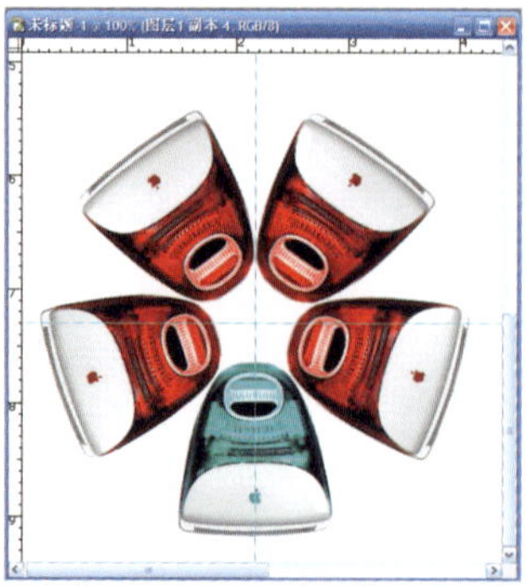

图11-53

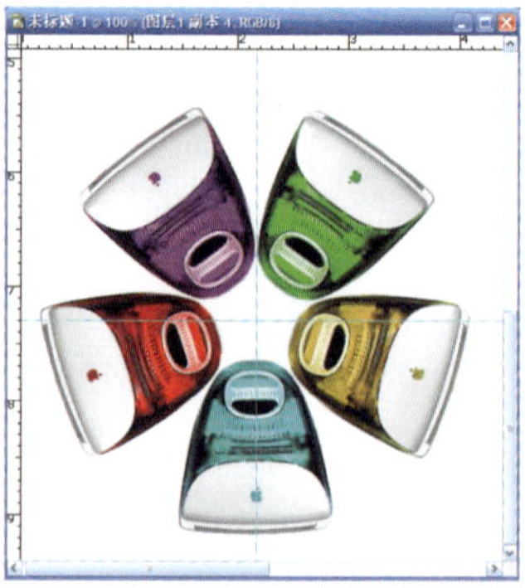

图11-54

步骤4:

单击“添加图层样式”按钮，在弹出的“图层样式”对话框中选择“投影”命令，设置弹出的对话框，如图11-55、图11-56所示。

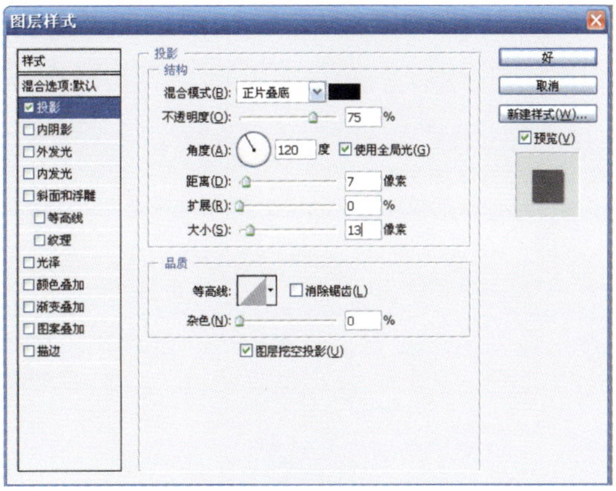

图11-55

图11-56

步骤5:

更改辅助线的位置，将其移至右上角，并将动作面板打开，新建立一个“动作”并开始记录，如图11-57、图11-58所示。

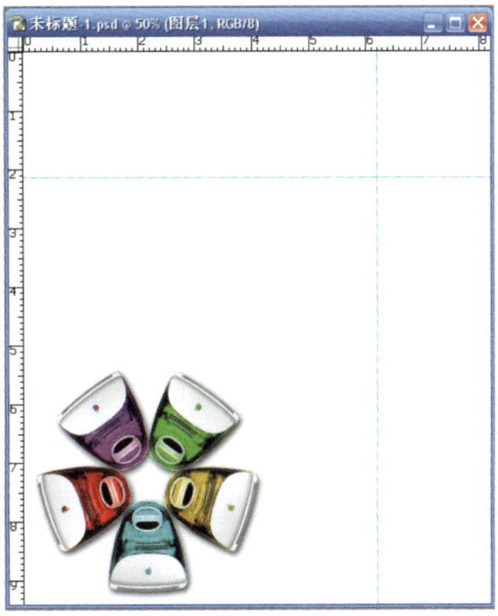

图11-57

图11-58

步骤6:

在图层面板中，复制“图层1”得到“图层1副本”。调出“自由变换”控制框，将旋转中心点置于辅助线的交点，设置W为90%，H为90%，角度为30度。确认后，再次调节“色相/饱和度”命令。以上操作如图11-59至图11-61所示。

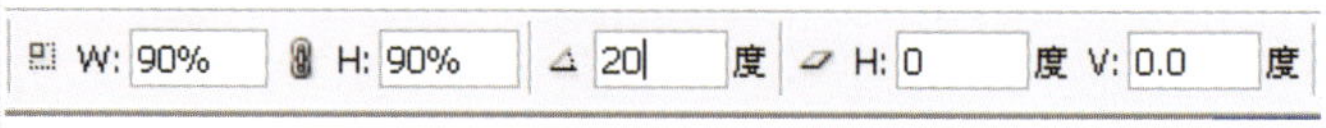

图11-59

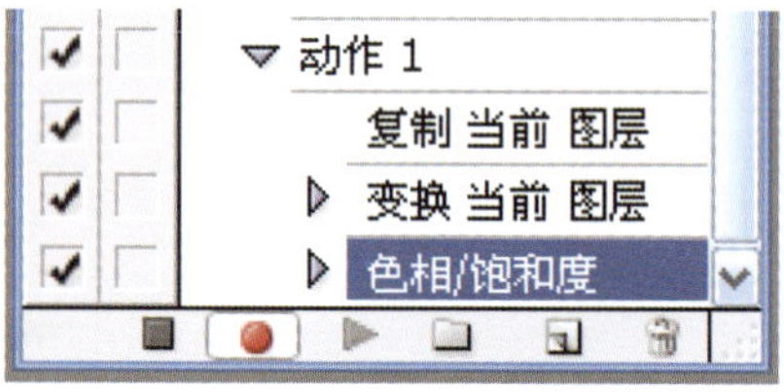

图11-60

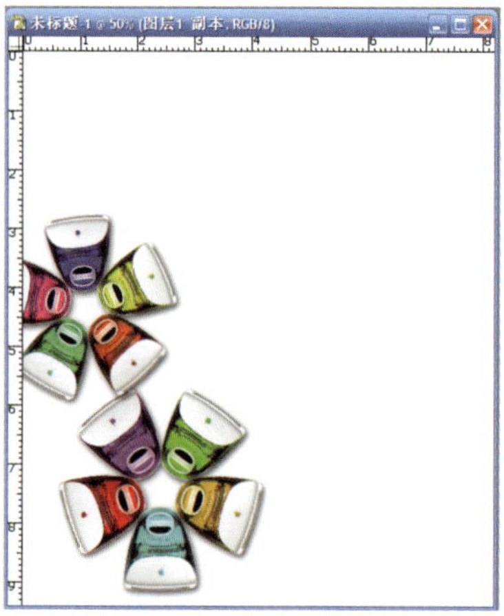

图11-61

步骤7:

单击动作面板中的“停止播放/录制”按钮，完成该动作的录制过程，保存为“动作1”，如图11-62所示。

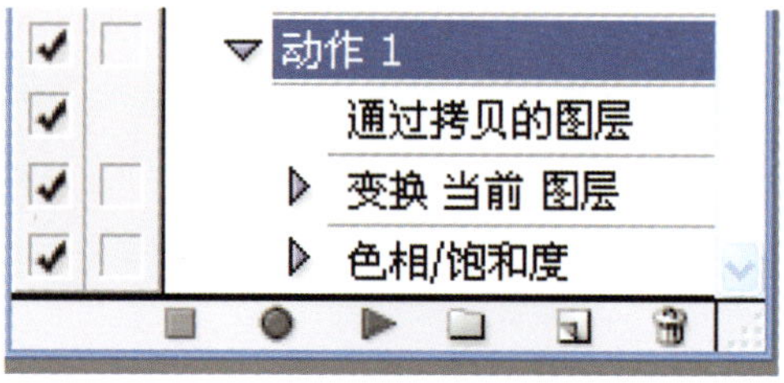

图11-62

步骤8:

重复播放上一步骤中录制的动作30次左右，选择“图像”→“全部显示”，将画面以外的图像显示出来，得到如图11-63所示效果。

图11-63

步骤9:

打开素材“苹果标志”，用移动工具将图像拖拽至新建文件中，并将其放置于文件的右下角，如图11-64所示。

图11-64

步骤10:

单击“添加图层样式”按钮，在弹出的菜单栏中选择“投影”命令，设置弹出的对话框，如图11-65所示。使用横排文字工具，在苹果标志的下方输入“Apple For Ever”，最终效果如图11-66所示。

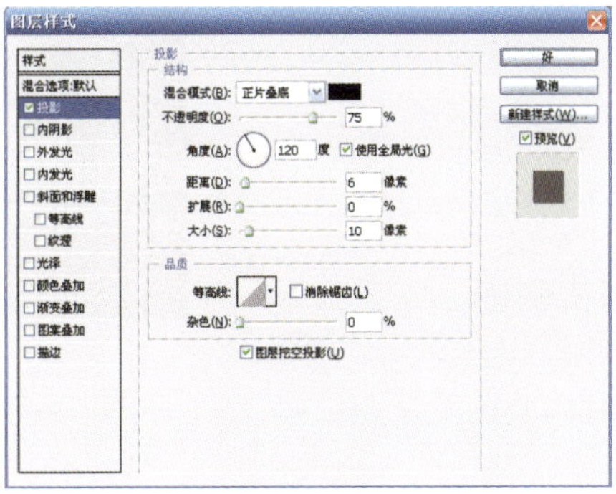

图11-65

图11-66

11.3 撕纸效果

制作如图11-67所示的效果。

图11-67 最终效果

步骤1:

选择“文件”→“打开”，打开素材文件，如图11-68所示。

图11-68

步骤2:

为了制作被撕去纸张的区域，用自由套索工具绘制选区，如图11-69所示。

图11-69

步骤3:

在工具箱单击“以快速蒙版模式编辑”按钮，转换为快速蒙版模式，如图11-70所示。

图11-70

步骤4:

制作被撕开纸张粗糙的外轮廓。单击“选择画笔工具”，为了使撕开部分的纸张外轮廓显得粗糙，选择较粗糙的形状画笔（自然画笔），如图11-71、图11-72所示。

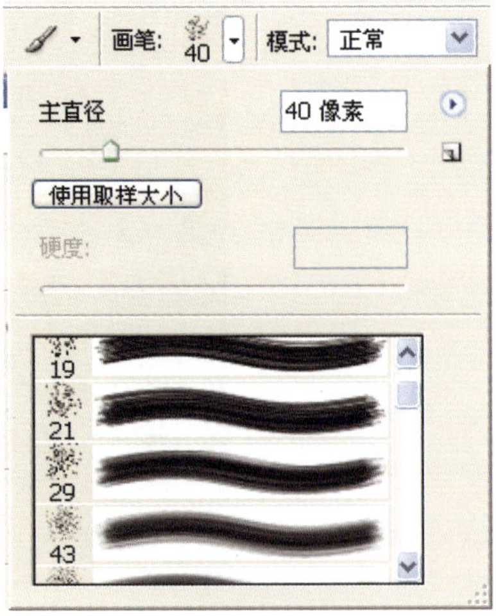

图11-71

图11-72

步骤5:

为了给撕开的部分再增添一些粗糙感，选择“滤镜”→“扭曲”→“波纹”，如图11-73、图11-74所示。

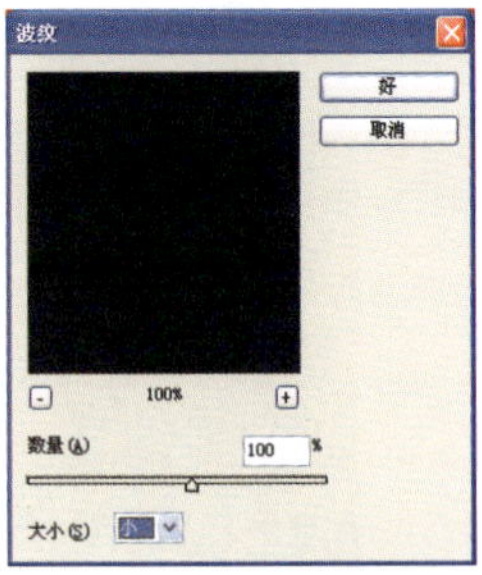

图11-73

图11-74

步骤6:

在工具箱中单击“以标准模式编辑”按钮，返回标准模式，如图11-75、图11-76所示。

图11-75

图11-76

步骤7:

为了保存预先制作好的撕掉部分的区域，转换到通道面板中，单击“将选区存储为通道”按钮，生成“Alpha 1”通道，如图11-77所示。

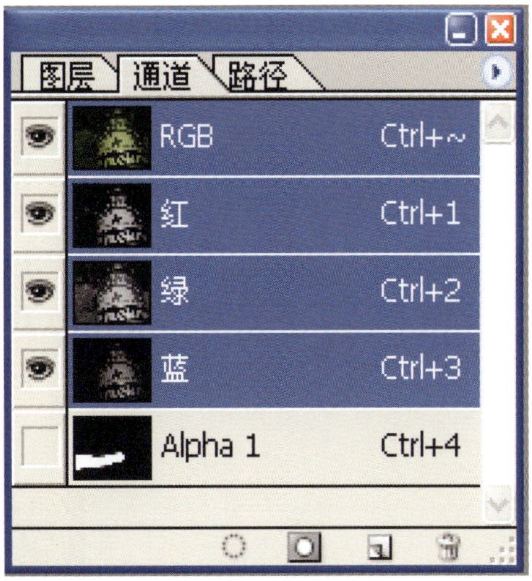

图11-77

步骤8:

在图层面板中，点击“新建图层”按钮，生成“图层1”，如图11-78所示。

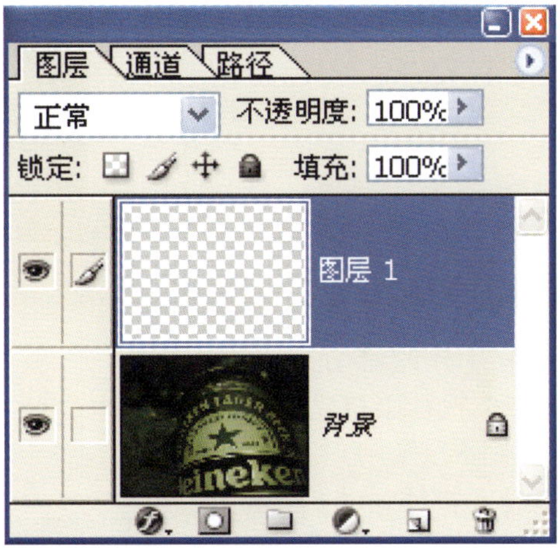

图11-78

步骤9:

在工具箱单击“渐变”工具，并进行编辑。选择“从前景色到透明”，前景色设置为绿色。然后，按住Shift键，从左往右水平拖动鼠标填充渐变颜色。以上操作如图11-79至图11-81所示。

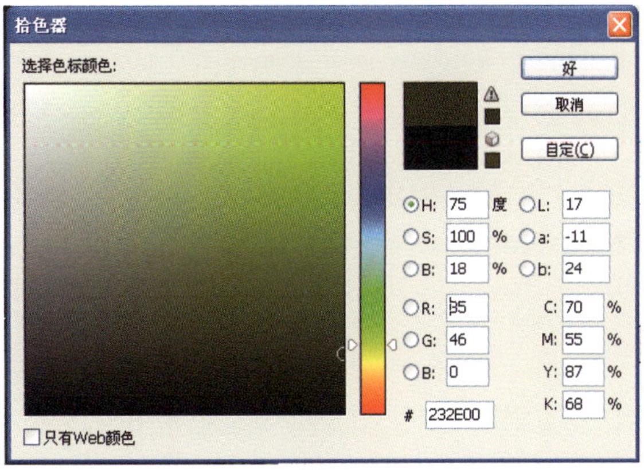

图11-79

图11-80

图11-81

步骤10:

制作撕开的部分。为了扩大区域，执行菜单栏中“选择”→“修改”→“扩展选区”，设置扩展量为5像素，如图11-82、图11-83所示。

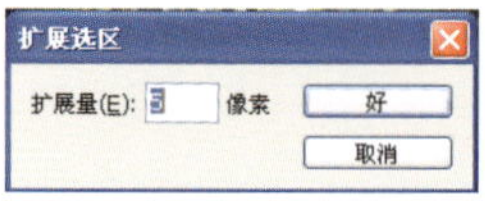

图11-82

图11-83

步骤11:

再次单击“以快速蒙版模式编辑”按钮，转换为快速蒙版模式，如图11-84、图11-85所示。

图11-84

图11-85

步骤12:

为了使蒙版边界部分显得更加粗糙，利用画笔工具渲染区域的内侧。选择“自然画笔”，前景色设置为白色，如图11-86至图11-88 所示。

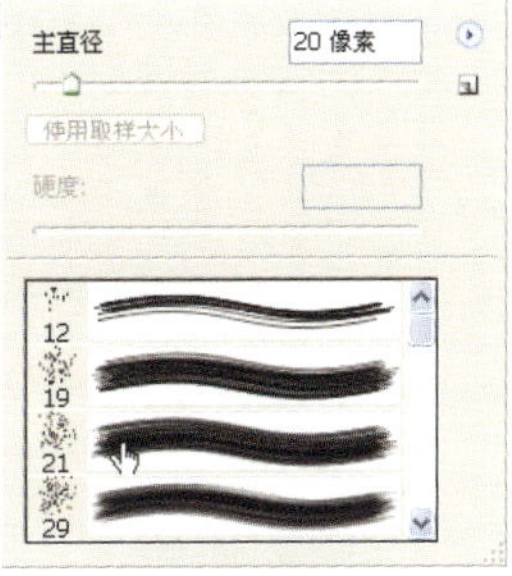

图11-86

图11-87

图11-88

步骤13:

在工具箱中单击“以标准模式编辑”按钮，返回标准模式，如图11-89所示。

图11-89

步骤14:

执行菜单栏“选择”→“载入选区”，选择“Alpha 1”通道，操作“从选区中减去”，然后再选择区域中只剩下被撕开的部分，如图11-90所示。

图11-90

步骤15:

新建“图层2”，并填充白色，取消选择（快捷键为Ctrl+D），如图11-91、图11-92所示。

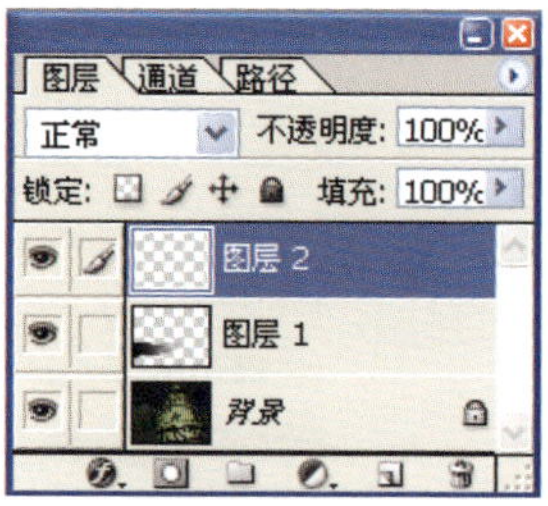

图11-91

图11-92

步骤16:

制作撕开部分的阴影。将“图层2”复制得到“图层2副本”，并在“图层2副本”上增加投影图层样式，如图11-93、图11-94所示。

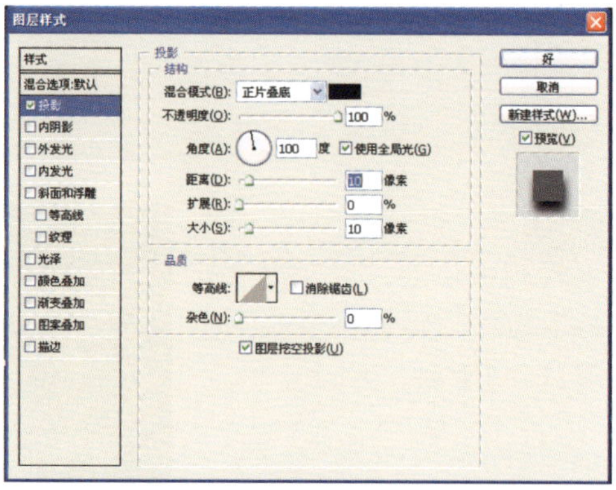

图11-93

图11-94

步骤17:

被撕开的纸张下半部分是不需要阴影的，因此，利用矩形选框工具，设置选区后，删除图像的下半部分，如图11-95、图11-96所示。因为是相同图像重叠在一起，所以不会影响图像效果。

图11-95

图11-96

步骤18：

建立新的图层，制作卷起纸张的效果。用套索工具绘制选区，并用渐变色填充，如图11-97所示。

图11-97

步骤19：

给卷边效果增加投影，如图11-98、图11-99所示。

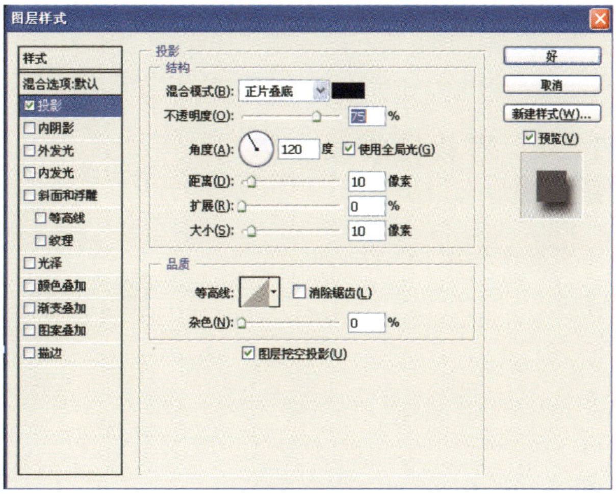

图11-98

图11-99

步骤20:

添加文字后所得效果如图11-100所示。

图11-100

11.4　蝶妆化妆品立体包装盒

制作如图11-101所示的效果。

图11-101 最终效果

步骤1:

新建文件，宽度为20厘米，高度为12.5厘米，分辨率为100像素/英寸，颜色模式为RGB颜色，背景内容设置为白色，如图11-102所示。

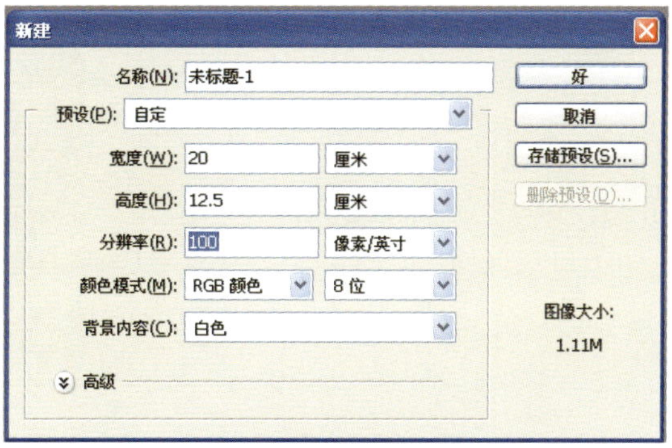

图11-102

步骤2:

选取菜单栏的“滤镜”→“渲染”，并执行“光照效果”，进行设定，如图11-103、图11-104所示。

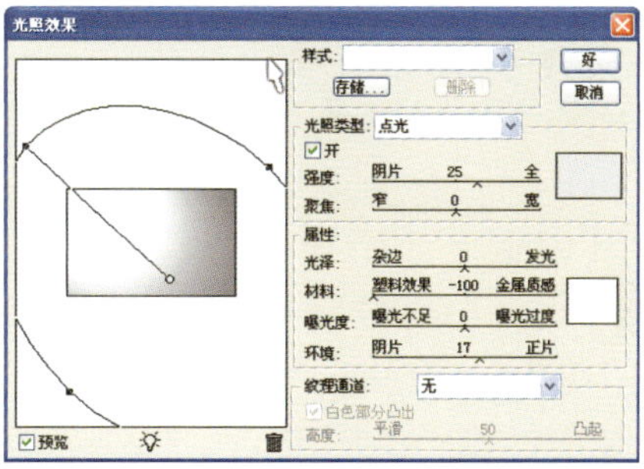

图11-103

图11-104

步骤3:

选取菜单栏中的“文件”→“打开”（快捷键为Ctrl+O），打开素材“蝶妆盒正面”，如图11-105所示。

图11-105

步骤4:

单击工具箱中的“移动工具”（快捷键为V），将打开的图片移动复制到新建文件中，如图11-106所示。

图11-106

步骤5:

选取菜单栏中的“编辑”→“变换”→“扭曲”命令，为图片添加扭曲变形框，并将其调整至如图11-107所示的形态，然后单击属性栏中的“确认”按钮。

图11-107

步骤6:

选择钢笔工具，激活属性栏中的“路径”按钮，将鼠标光标移动到画面中绘制出如图11-108所示的钢笔路径。

图11-108

步骤7:

单击工具箱中的“转换点”按钮，将鼠标光标移动到绘制的路径上单击，然后将鼠标光标移动到显示出的锚点上按住左键并拖拽鼠标，可拖拽出路径把手，通过调整路径把手的长度和斜率，调整路径，如图11-109所示。

图11-109

步骤8:

单击路径面板底部的“将路径作为选区载入”按钮，将路径转为选区，如图11-110所示。

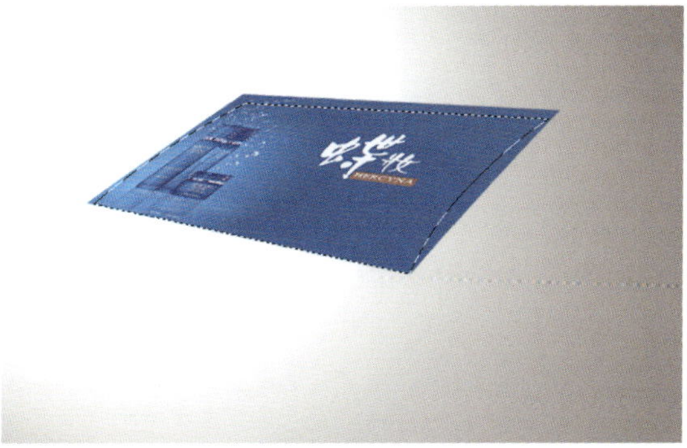

图11-110

步骤9:

选取菜单栏中的“选择/反选”命令（快捷键为Shift+Ctrl+I），将选择区域反选，并将选区区域内的图形部分删除，如图11-111所示。

图11-111

步骤10:

选择钢笔工具，在画面中绘制并调整出如图11-112所示的钢笔路径。

图11-112

步骤11:

在图层面板中建立“图层2”，并将其放置于“图层1”的下方，然后将工具箱的前景色设置为黄灰色（C8，M7，Y12），按Alt+Delete键填充前景色，如图11-113所示。

图11-113

步骤12:

将工具箱中的前景色设置为深灰色（C50，M40，Y40，K10），再单击工具箱中的渐变工具进行设置，如图11-114、图11-115所示。

图11-114

图11-115

步骤13:

继续用钢笔工具绘制钢笔路径，如图11-116所示。

图11-116

步骤14:

建立“图层3”，将路径转换为选区后，进行渐变色填充，如图11-117所示。

图11-117

步骤15:

继续绘制路径，转换为选区后，填充蓝色（C90，M58，Y8），如图11-118所示。

图11-118

步骤16:

单击钢笔工具，绘制如图11-119所示路径。

图11-119

步骤17:

新建“图层4”，将路径转换为选区，填充蓝色，如图11-120所示。

图11-120

步骤18:

选择钢笔工具绘制路径，如图11-121所示。

图11-121

步骤19:

设置前景色为白色，设置笔刷工具，如图11-122所示。

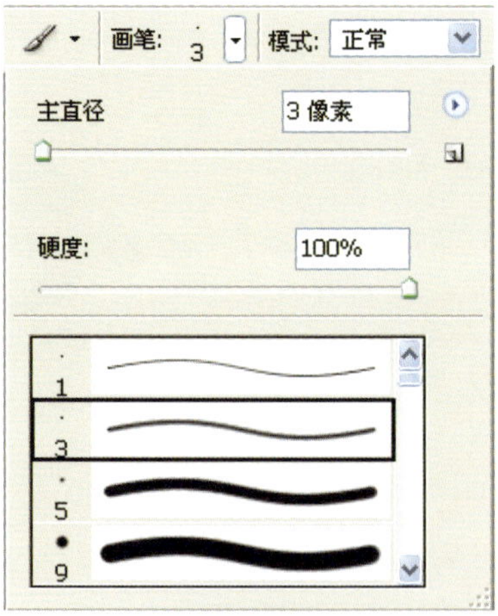

图11-122

步骤20:

新建立“图层5”，并在路径面板底部选择“路径描边”按钮，如图11-123所示。

图11-123

步骤21:

单击工具箱中的“直线”按钮，激活属性栏中的“形状图层”按钮，属性栏中粗细的值设置为3，前景色设置为灰色，如图11-124所示。

图11-124

步骤22:

将“图层5”增添投影图层样式，如图11-125所示。

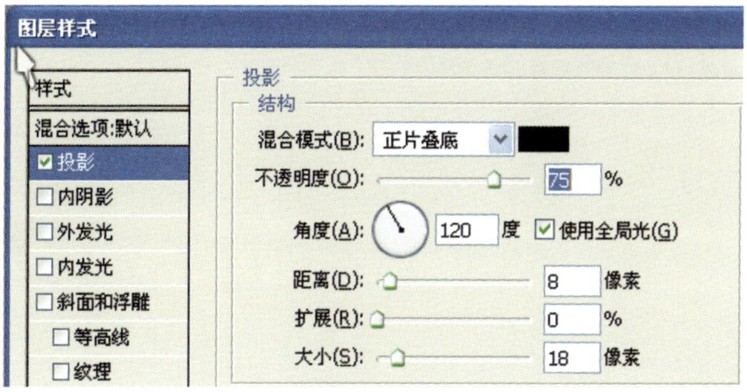

图11-125

步骤23:

用与步骤22相同的方法，将“图层1”也增添投影图层样式，最终效果如图11-126所示。

图11-126

11.5　CG光盘设计

制作如图11-127所示效果。

图11-127　最终效果

步骤1:

新建文件，宽度为600像素，高度为600像素，分辨率为100像素/英寸，颜色模式为RGB颜色，背景内容设置为白色。如图11-128所示。

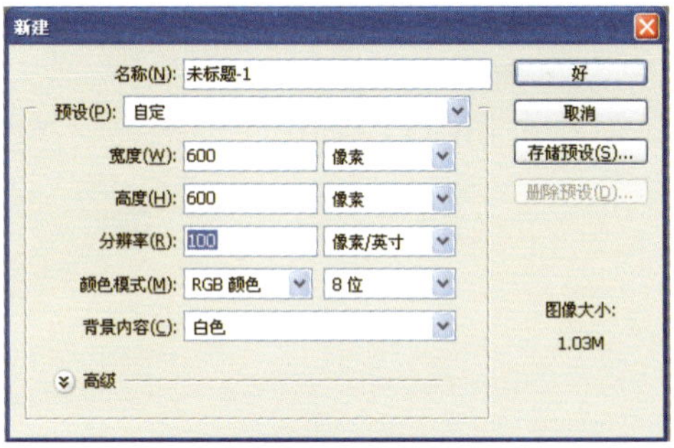

图11-128

步骤2:

选择菜单栏中“视图/标尺”（快捷键为Ctrl+R），并拉出辅助线，如图11-129所示。

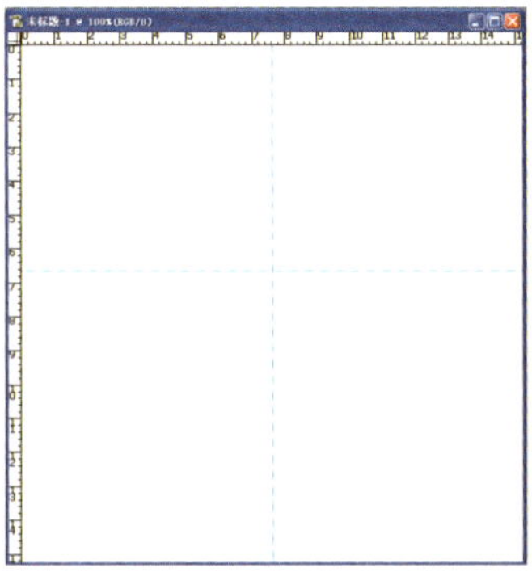

图11-129

步骤3:

在工具箱中将前景色设置为灰色（R203，G203，B203），选择椭圆工具，并以辅助线的交点为圆心绘制一正圆（同时按住键盘的Shift和Alt键，可以从中心点向外绘制一个正圆），自动生成“形状1”，如图11-130、图11-131所示。

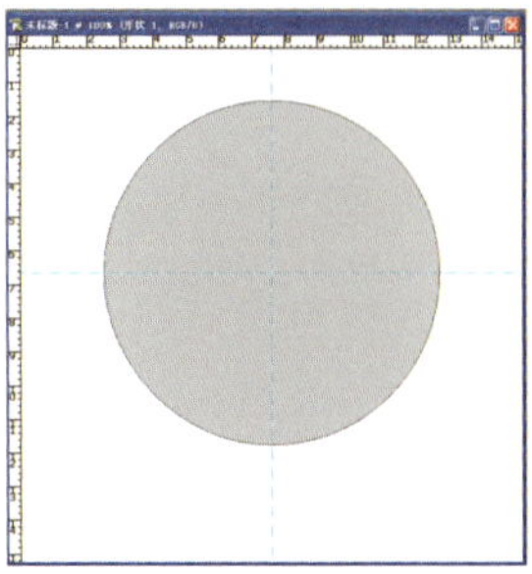

图11-130

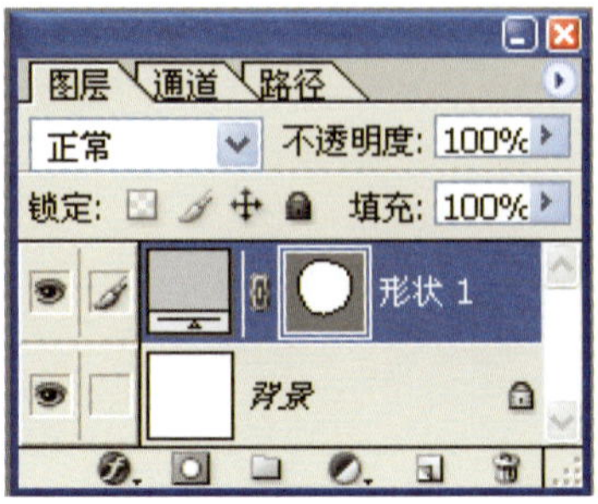

图11-131

步骤4:

为CD基本形状赋予立体感，双击“形状1”图层，打开“图层样式”对话框，增添投影图层样式，如图11-132、图11-133所示。

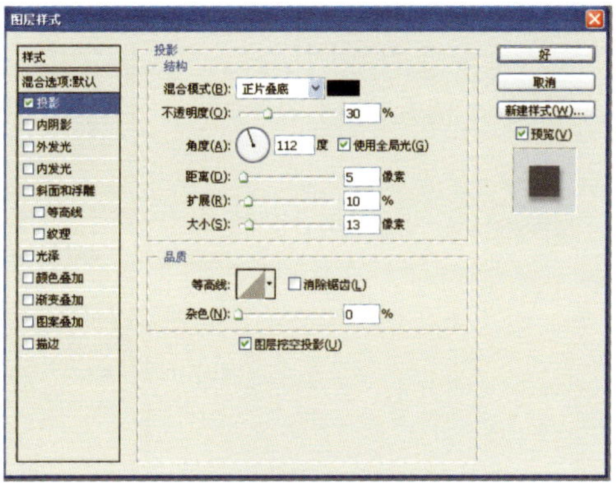

图11-132

图11-133

继续增添内发光图层样式，如图11-134、图11-135所示。

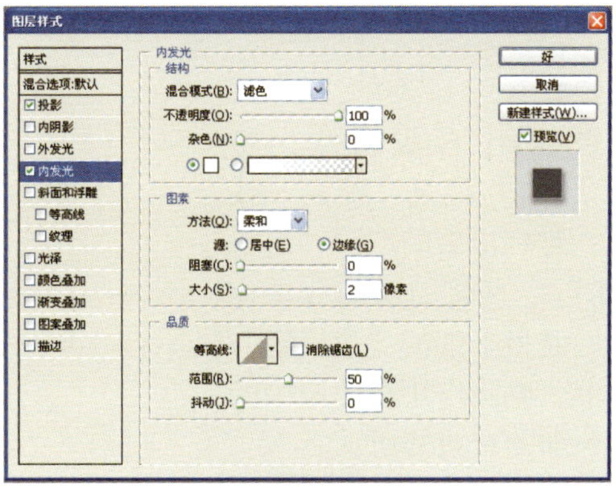

图11-134

图11-135

继续增添渐变叠加图层样式，如图11-136至图11-138所示。

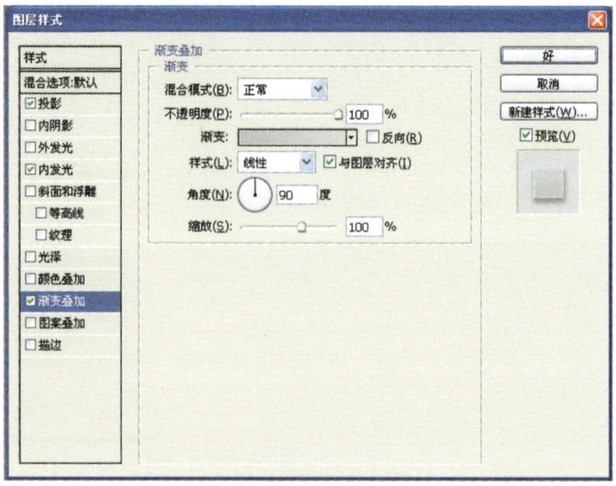

图11-136

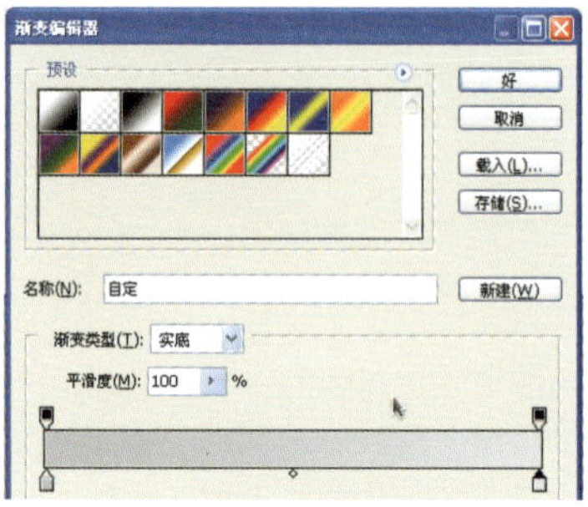

图11-137

图11-138

步骤5:

在CD中合成图像，将“形状1”拖拽至“新建”按钮上，复制出新的图层“形状1副本”，并将图层的效果拖到图层面板下端的“垃圾桶”按钮上，删除应用在图层中的效果，如图11-139所示。

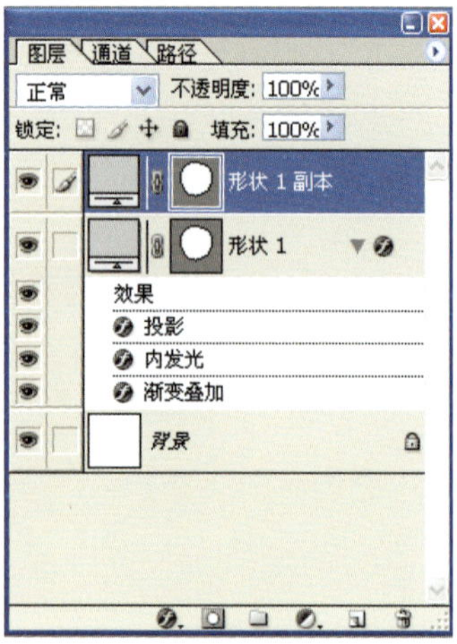

图11-139

步骤6:

选择菜单栏“编辑”→“自由变换”（快捷键为Ctrl+T），将图像缩小为97%的

图11-140

大小，如图11-140、图11-141所示。

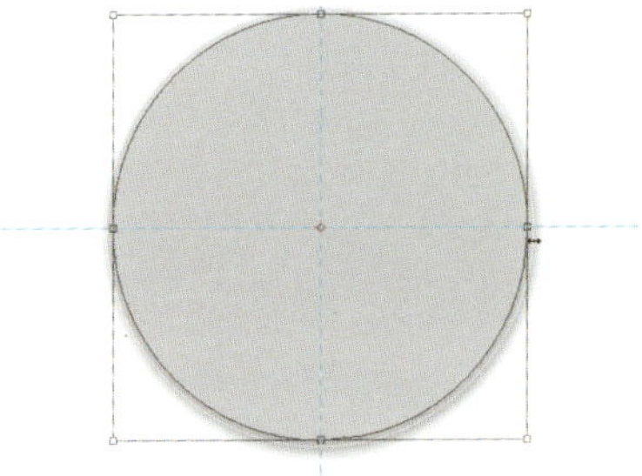

图11-141

步骤7:

选择菜单栏“文件”→“打开”（快捷键Ctrl+O），打开素材图片，如图11-142所示。

图11-142

步骤8:

将该图片拖动到CD图像的上方，将鼠标光标放在“形状1副本”与“图层1”之间，按下Alt键的同时，单击鼠标左键，这样会生成剪切蒙版。此时，单击鼠标使“图层1”的图像包括在“形状1副本”中，如图11-143、图11-144所示。

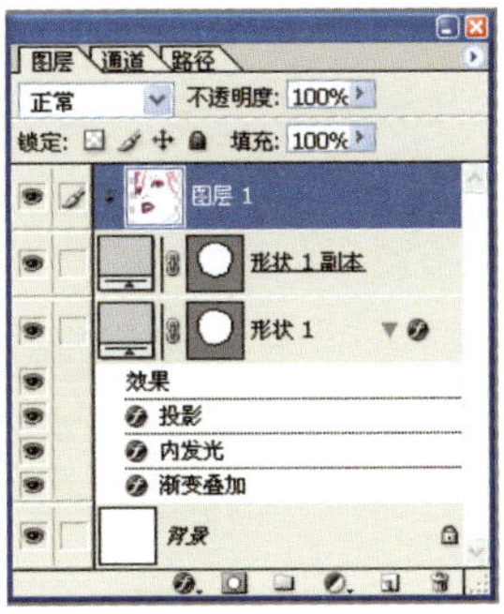

图11-143

图11-144

步骤9:

制作CD中央的透明板，选择椭圆工具，继续以辅助线的交点为圆心绘制一个正

图11-145

圆（同时按住键盘的Shift键和Alt键，可以从中心点向外绘制一个正圆），自动生成“形状2”， 如图11-145、图11-146所示。

图11-146

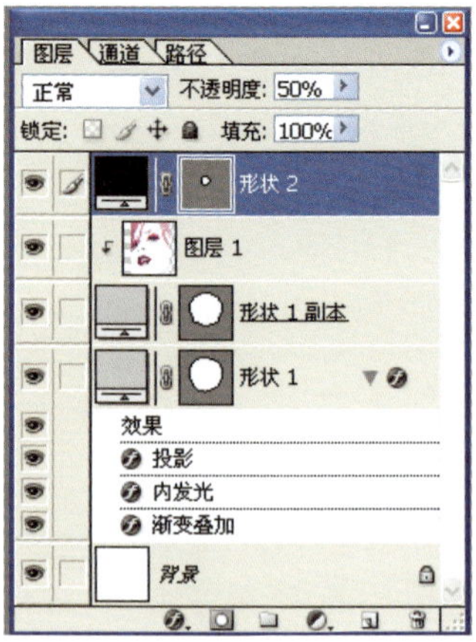

图11-147

步骤10:

为了在中心部分制作更小的正圆，将“形状2”图层进行复制，生成新图层后，缩小图像为90%的大小，颜色调节为亮灰色（R230，G230，B230），图层的不透明度为100%，如图11-147至图11-149所示。

图11-148

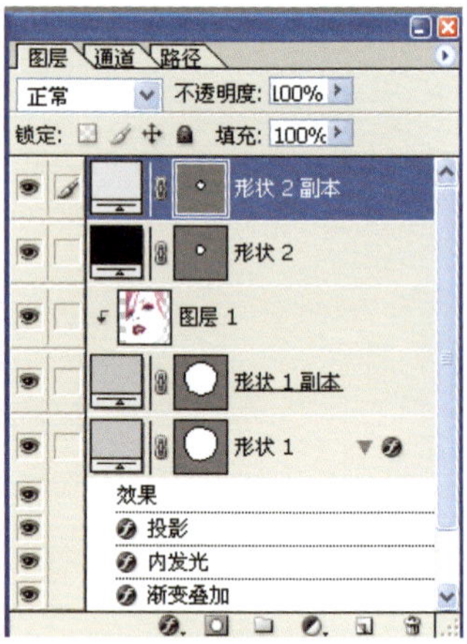

图11-149

图11-150

步骤11:

为“形状2副本”赋予渐变效果，从而制作更加自然的图像。单击图层面板下端的“添加图层样式”按钮，打开“图层样式”对话框，设置如图11-150至图11-154所示。

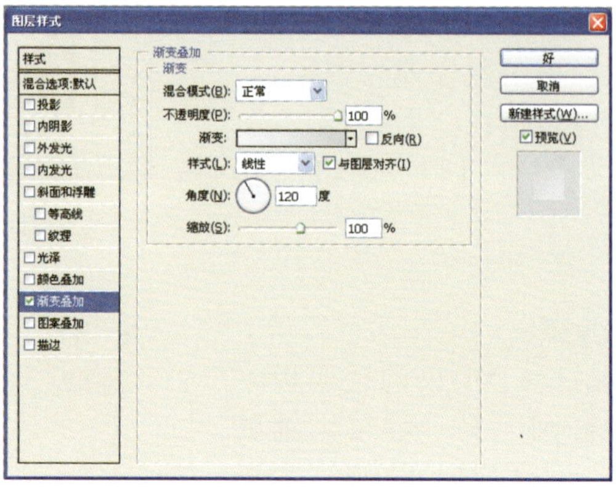

图11-151

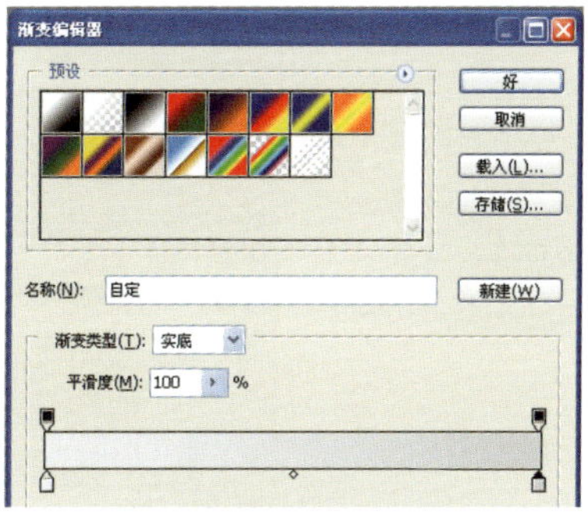

图11-152

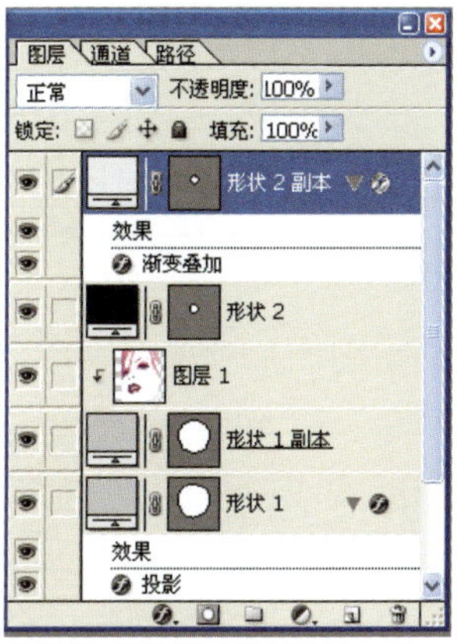

图11-153

图11-154

步骤12:

制作CD孔，为了同样在CD中心部分制作孔，将“形状2副本”拖动到图层面板下端的“新建”按钮上，进行复制，改名为“CD孔”，然后进行放缩（快捷键为Ctrl+T），将图像缩小为50%的大小，如图11-155至图11-157所示。

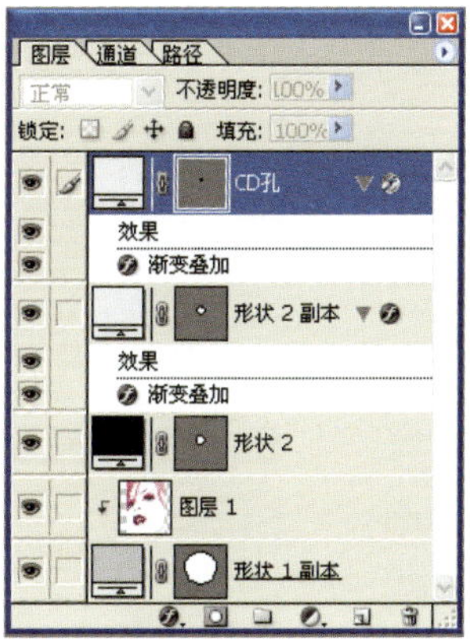

图11-155

图11-156

图11-157

步骤13:

将“CD孔”图层的渐变叠加效果删除，将颜色更改为白色，如图11-158至图11-160所示。

图11-158

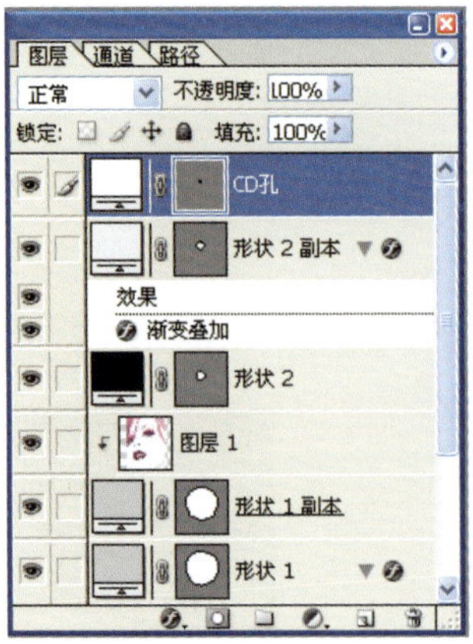

图11-159

图11-160

步骤14:

双击“CD孔”图层，打开“图层样式”对话框。为了在CD内侧制作阴影，增添内阴影，如图11-161所示。

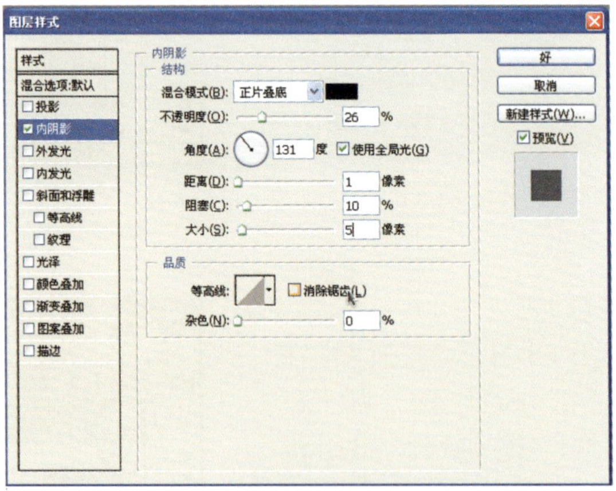

图11-161

为了在CD内侧制作边缘部分，继续增添外发光，如图11-162至图11-164所示。

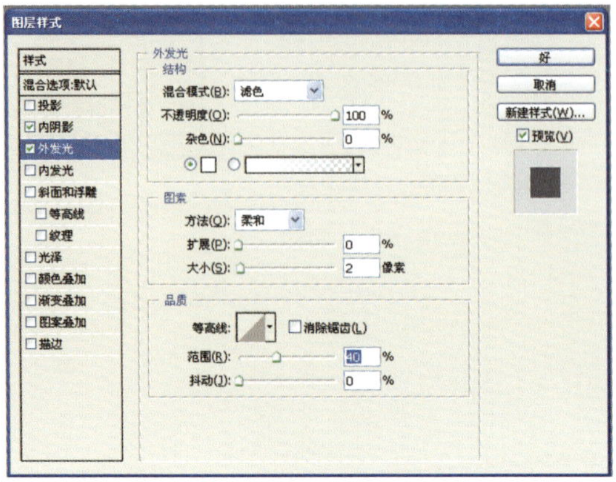

图11-162

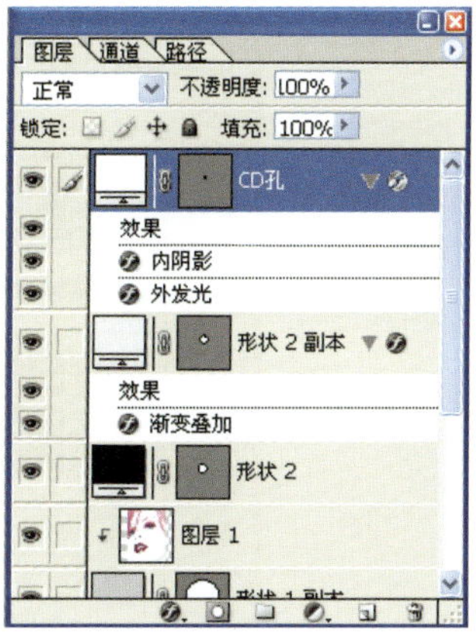

图11-163

图11-164

步骤15:

输入标题，在工具箱中选择椭圆工具，同样以辅助线的交点为圆心绘制一个正圆（同时按住键盘的Shift键和Alt键，可以从中心点向外绘制一个正圆），并沿新路径输入文字，如图11-165、图11-166所示。

图11-165

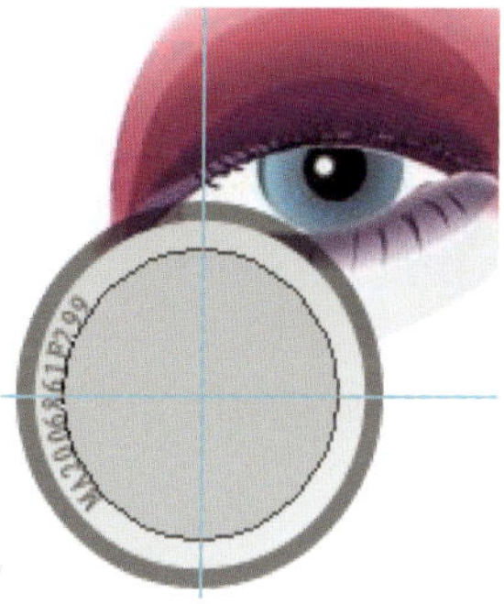

图11-166

步骤16:

隐藏矢量图形，关闭矢量图层的眼睛图标，只剩下CD内侧的文字，并清除参考线，如图11-167、图11-168所示。

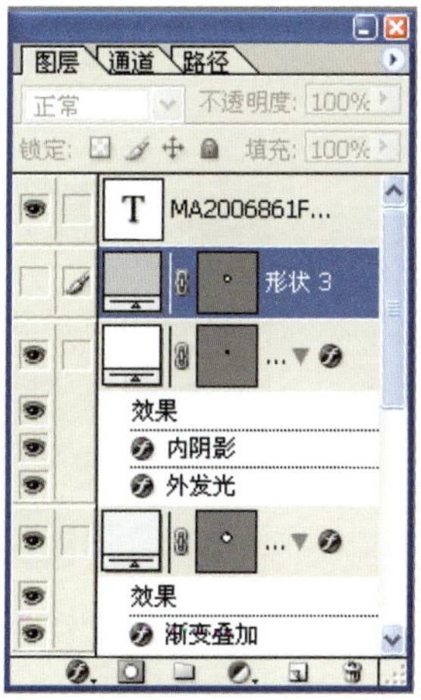

图11-167

图11-168

步骤17:

另外，为使CD外轮廓的边界更加明显，要在下面添加一个阴影，新建一个图层，命名为“阴影”，如图11-169所示。

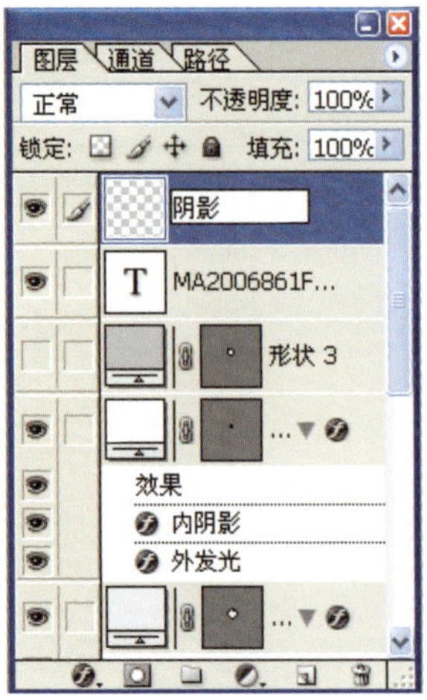

图11-169

步骤18:

按住Ctrl键，点选“形状1”图层，选择该图层的图像区域，如图11-170、图11-171所示。

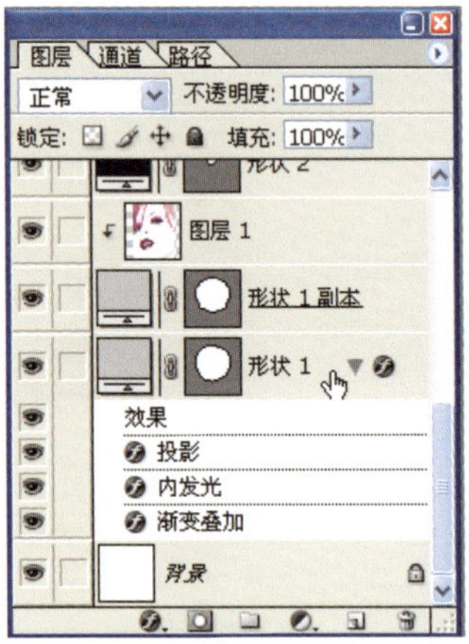

图11-170

图11-171

步骤19:

设置前景色为黑色，在“阴影”图层上填充黑色（快捷键为Alt+Delete），如图11-172、图11-173所示。

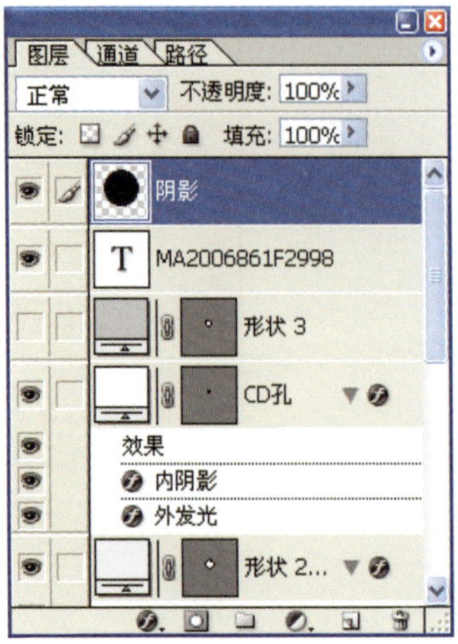

图11-172

图11-173

步骤20:

将“阴影”图层的位置移动到“形状1”图层的下方，并用工具箱中的移动工具分别向右、向下移动1个像素，如图11-174、图11-175所示。

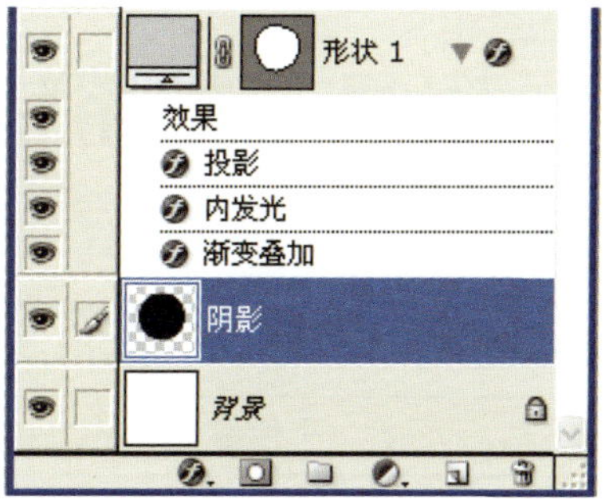

图11-174

图11-175

步骤21:

为了使轮廓更加柔和，将“阴影”图层的不透明度设置为20%，在CD外轮廓上生成了较为柔和的边界线，如图11-176、图11-177所示。

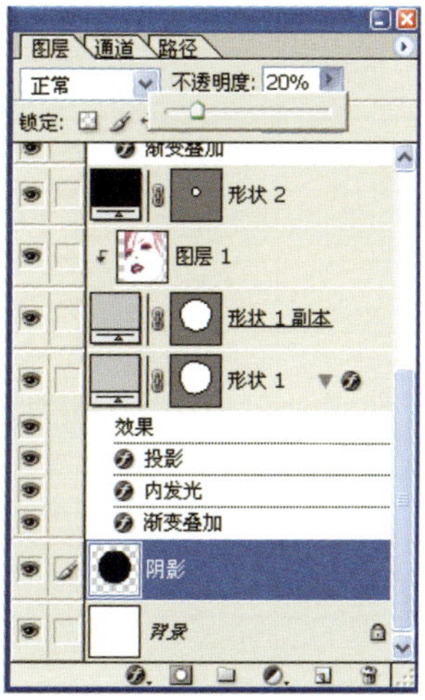

图11-176

图11-177

步骤22:

插入标题或符号，最后效果如图11-178所示。

图11-178

附录　常用快捷键

界面快捷键	
功能	**快捷键**
显示或隐藏所有面板	Tab
显示或隐藏控制面板	Shift+Tab
弹出填充对话框	Shift+Delete
用前景色填充	Alt+Delete
用背景色填充	Ctrl+Delete
根据历史填充	Ctrl+Alt+Delete
平移画面	空格+拖动鼠标左键
向上滚动一屏	Page Up
向下滚动一屏	Page Down
向左滚动一屏	Ctrl+Page Up
向右滚动一屏	Ctrl+Page Down
将视图移到左上角	Home
将视图移到右下角	End
确认对话框	Enter

工具快捷键	
功能	**快捷键**
选取工具	
添加到选择区域	按住Shift键绘制
从选择区域删除	按住Alt键绘制
与选择区域交叉	按住Shift+Alt键绘制
限制正方或正圆	按住Shift键拖动鼠标左键
从中心绘制	按住Shift+Alt键拖动鼠标左键
移动工具	
45度的移动	Shift+拖动
复制选择区域	Alt+拖动

（续上表）

功能	快捷键
复制图层	Alt+拖动
路径工具	
限制45度	Ctrl
切换到直接选择工具	Alt
抓手工具	
切换到放大	Ctrl
切换到缩小	Alt

菜单快捷键

功能	快捷键
文件菜单	
新建	Ctrl+N
打开	Ctrl+O
关闭	Ctrl+W
保存	Ctrl+S
另存为	Ctrl+Shift+S
编辑菜单	
还原	Ctrl+Z
剪切	Ctrl+X
复制	Ctrl+C
粘贴	Ctrl+V
填充	Shift+Backspace
自由变换	Ctrl+T
图像菜单	
色阶	Ctrl+L
自动色阶	Ctrl+Shift+L
曲线	Ctrl+M
色彩平衡	Ctrl+B
自动颜色	Ctrl+Shift+B
色相/饱和度	Ctrl+U

（续上表）

功能	快捷键
去色	Ctrl+Shift+U
反相	Ctrl+I
图层菜单	
新建图层	Ctrl+N
置为顶层	Ctrl+Shift+]
前移一层	Ctrl+]
选择菜单	
全选	Ctrl+A
取消选区	Ctrl+D
反选	Ctrl+Shift+I
羽化	Ctrl+Alt+D